GIOVANNI CIVARDI

PORTRÄTS

ZEICHNEN VON GESICHTERN UND PERSONEN

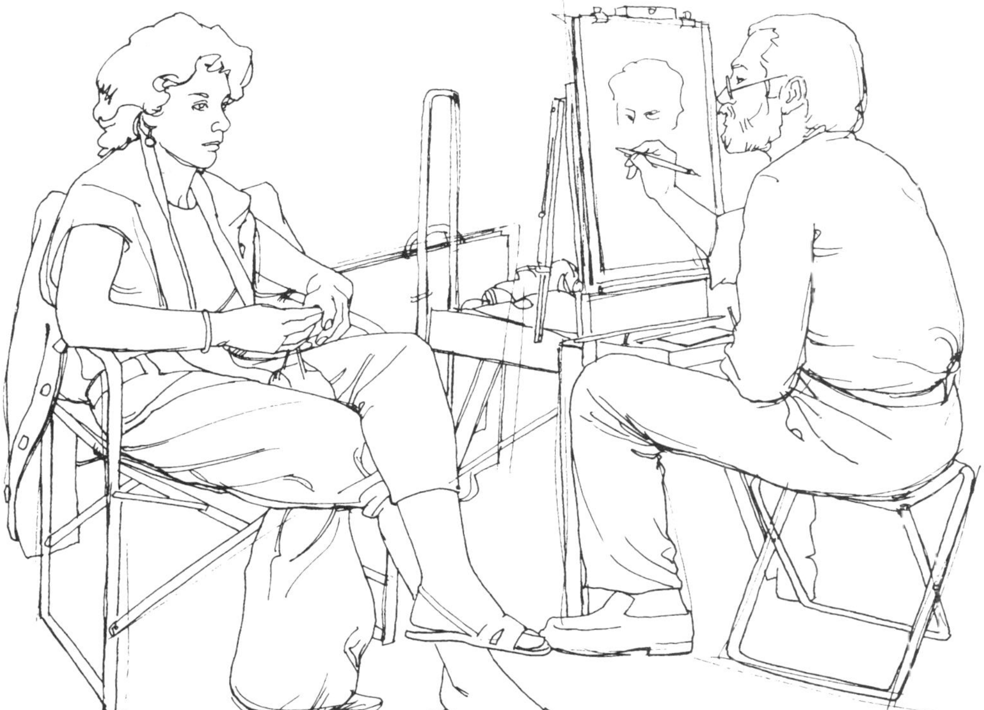

tosa

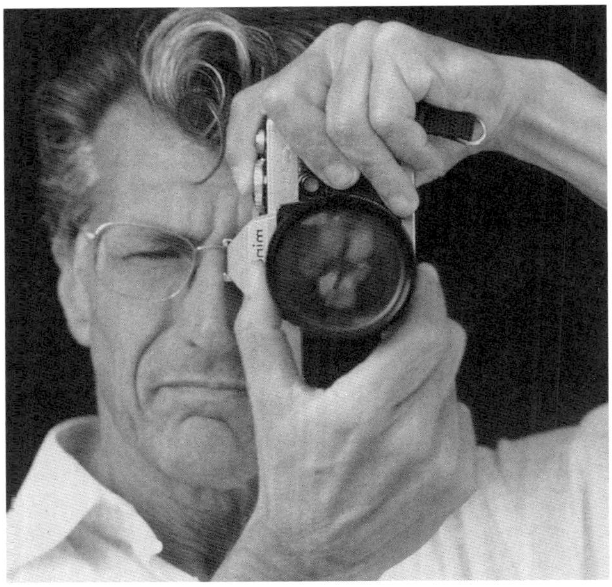

Giovanni Civardi wurde 1947 in Mailand geboren. Nach Anfängen als Illustrator und Bildhauer beschäftigt er sich seit vielen Jahren mit Anatomie für Künstler und leitet Kurse im Figurenzeichnen.

Die hier abgebildeten Personen wurden mit ihrer Zustimmung gezeichnet, jede Ähnlichkeit mit weiteren Personen ist rein zufällig.

Titel der Originalausgabe: Il Ritratto

Übersetzung aus dem Italienischen: www.textwerkstatt.at/ Mathias R. Hofter
Covergestaltung: Joseph Koó
Druck: Polygraph Print, Slovakia

www.tosa-verlag.com

Inhalt

Einführung

Das Porträt ist nach verbreiteter Auffassung die Darstellung der individuellen Züge eines Menschen, entweder nur des Gesichts oder der ganzen Figur. Es war immer und ist auch noch ein wichtiges Genre der bildenden Kunst, nicht nur weil die Porträtmalerei wegen ihrer symbolischen und repräsentativen Bedeutung als Beruf gut dotiert und gesellschaftlich angesehen ist. Aber die Künstler finden hier auch eine faszinierende Gelegenheit, bei der Beobachtung der menschlichen Figur nicht nur etwas über ihre physische, sondern auch über ihre psychische Qualität herauszufinden und darzustellen. Gerade heute hat der letztere Aspekt eine sehr viel größere Bedeutung erlangt, weil die Fotografie das gemalte oder gezeichnete Porträt abgelöst hat als einziges Medium, die physiognomischen Züge eines Individuums abzubilden und zu kommunizieren. Aber diese dokumentarische Funktion des Porträts war bekanntlich auch nur eine unter vielen.
Im Rückblick auf meine Erfahrungen als Porträtist, Illustrator und Zeichenlehrer kann ich feststellen, dass ich immer versucht habe, die Hauptprobleme zu vereinfachen und in einer Gesamtsicht zusammenzufassen, die sich stellen, wenn man das erste Mal sich an eine Zeichnung von einem Allerweltskopf macht und sich dann zu einem wirklich ähnlichen Porträt vorarbeitet.
Einige Bereiche von besonderem Interesse, wie das Zeichnen von Händen, Porträts von Kindern oder Alten, das Ganzkörperporträt, Charakterköpfe usw., müssen natürlich vertieft werden und diese werden in anderen Bänden dieser Reihe behandelt.
Ich habe die folgenden Abschnitte und die Bildschemen in einer Reihenfolge unterteilt, die sich schon in meiner Praxis als Lehrer als sinnvoll erwies, um die ersten Schritte der Technik des Porträts zu meistern und möglichst schnell zu befriedigenden Resultaten zu gelangen. Wir werden also im Folgenden zunächst auf die Werkzeuge und Materialien eingehen, auf die Proportionen, die Anatomie, die Einzelheiten und den Aufbau des Gesichts, die Lichtführung; und schließlich werden wir das Vorgehen als solches beim Erstellen eines Porträts als Komposition behandeln.
Es ist klar, dass diese doch sehr rudimentäre Einführung nur den Weg zu den ersten eigenen Erfahrungen weisen kann und als Anregung und Einladung zu einem vertieften Selbststudium verstanden werden will. Die nachfolgende künstlerische Entwicklung wird von dem Engagement bei der Beobachtung und der Intensität der Übung abhängen, das Sie der Zeichnung widmen. Zu diesem Zweck ist es auch durchaus nicht ehrenrührig, für die ersten eigenen Versuche im Porträt auf Fotos, selbstgefertigte oder in Form von Reproduktionen, oder auf Zeichnungen anderer Künstler zurückzugreifen.
Dennoch empfehle ich Ihnen, dass Sie, sobald Sie einigermaßen sicher einen Kopf in seinen Grundlinien zeichnen können, direkt nach der Natur zeichnen und einen netten, geduldigen Menschen bitten, Ihnen Modell zu sitzen. Im letzten Teil des Buches habe ich einige Porträtstudien vorgestellt, die ich in unterschiedlichen Phasen meines Leben gezeichnet habe und die Ihnen ein paar Anregungen geben können, wie man verschiedene Sujets angehen kann.

1 Materialien und Techniken

Um schnell ein Porträt zu entwerfen oder Figuren zu skizzieren, reichen die einfachsten und bekanntesten Zeichenwerkzeuge: Bleistifte, Zeichenkohle, Pastellstifte, Feder und Tusche, Aquarellpinsel und -farben, Filzstifte usw. Jedes einzelne dieser Werkzeuge bringt jedoch sehr unterschiedliche Wirkungen hervor, nicht nur wegen der unterschiedlichen Materialbeschaffenheit und der erforderlichen Technik, sondern auch wegen des unterschiedlichen Zeichengrundes, auf den sie aufgebracht werden: geleimtes glattes oder ungeleimtes raues Papier, Zeichenkarton, weißes oder getöntes Papier usw. Die Zeichnungen auf diesen beiden Seiten wurden mit Werkzeugen gemacht, die leicht verfügbar, aber dennoch gut geeignet sind, um das menschliche Gesicht und seinen Körper in seinen unterschiedlichen Erscheinungsformen und Schattierungen zur Geltung zu bringen.

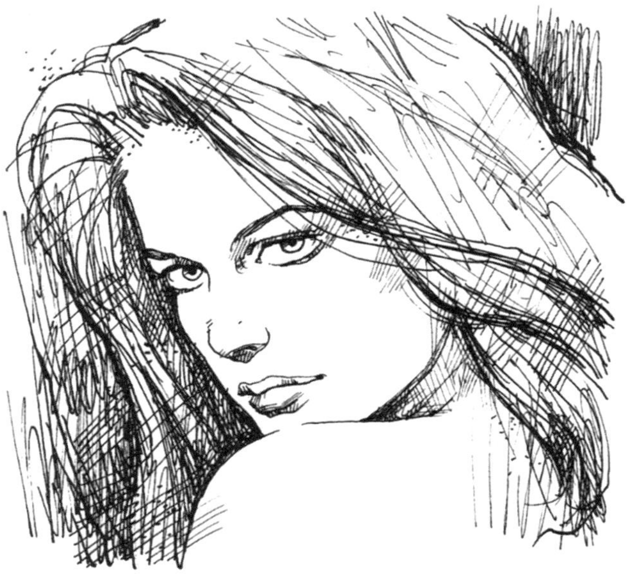

Feder oder Pinsel mit Chinatusche auf glattem Papier

Die Tuschzeichnung ist eine beliebte Technik bei Künstlern. Sie kann mit der Zeichenfeder oder mit dem Pinsel ausgeführt werden, aber besondere Effekte lassen sich auch mit der Rohrfeder aus Bambus, der Breitbandfeder, dem Füllfederhalter oder dem Tuschzeichner für technische Zeichnungen, („Rapidograph"), dem Filzstift oder dem Kugelschreiber erzielen. Die Tonintensität hängt von der Dichte der Federstriche ab, und daher ist es empfehlenswert, glattes Papier oder einen glatten Karton von guter Qualität zu benutzen, um ein Ausfransen der Oberfläche oder eine unregelmäßige Farbannahme zu vermeiden.

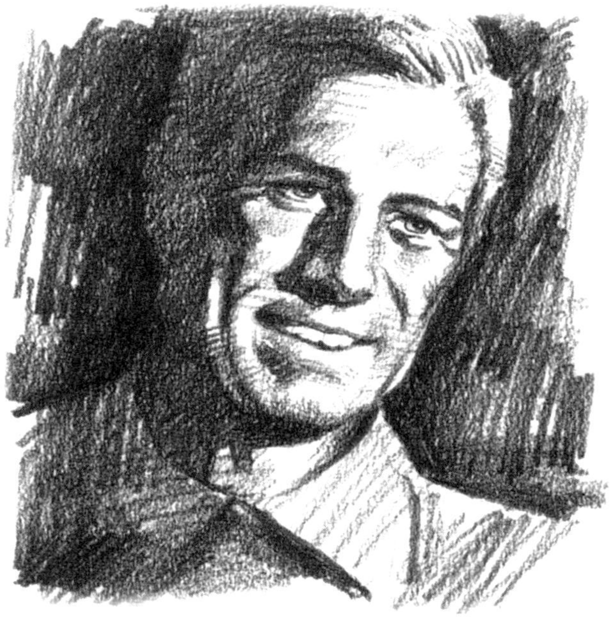

Bleistifte (B und 2B) auf ungeleimtem Papier

Der Bleistift ist das gebräuchlichste Mittel für jede Art von Zeichnung, und gerade für Personen und Porträts bietet er sich an. Er kann sowohl für differenzierte und ausgearbeitete Zeichnungen benutzt werden oder aber für kleine Studien und schnelle Skizzen zur Erinnerung. Für letztere eignen sich am besten Druckbleistifte mit Mikrominen, während man für erstere eher Grafitminen größeren Durchmessers und weicherer Gradation nehmen sollte. Grafitminen für TK-Stifte und normale Bleistifte aus Holz weisen je nach ihrer Zusammensetzung einen unterschiedlichen Härtegrad auf: Von 9H, sehr hart, für dünne und blasse Linien, bis zu 6B, sehr weich, womit man leicht dicke Linien zeichnen oder Flächen füllen kann.

Zeichenkohle auf Papier

Der Kohlestift ist vielleicht das beste Mittel für Porträtstudien, weil bei ihm die Dichte des Tons am meisten vom Druck des Aufsetzens abhängt und man eine große Genauigkeit im Detail erreicht. Sie erfordert jedoch eine gewisse Gewandtheit im Umgang mit den unterschiedlichen Möglichkeiten der Abschattierung, aber darin liegen auch ihre besonderen Ausdrucksmöglichkeiten. Es gibt sowohl die angespitzte, reine Zeichenkohle wie auch den Kohlestift aus Holz; in beiden Fällen muss man sehr darauf achten, das Papier nicht zu verschmutzen. Die Striche verlaufen etwas und man kann sie noch abtönen, indem man sie mit dem Finger verwischt. Man kann die Zeichnung auch mit Radiergummi oder Plastilin wieder abtupfen oder ausradieren. Die fertige Zeichnung muss mit Fixativ geschützt werden.

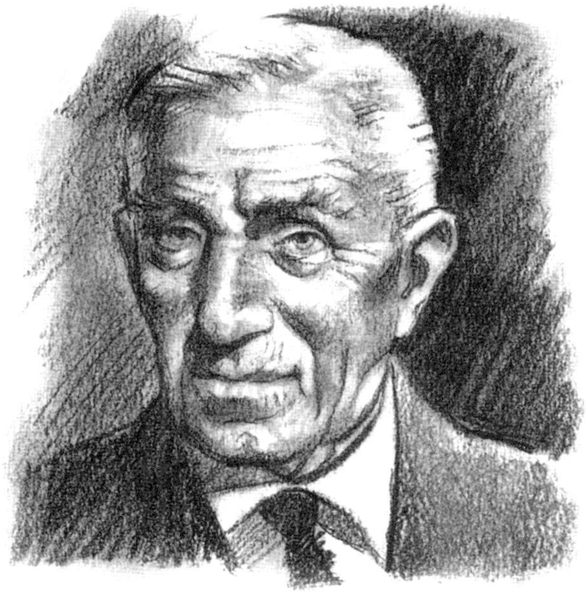

Einfarbiges Aquarell auf halb rauem Papier

Das Aquarell aus wasserlöslichen Farben oder wasserverdünnter Chinatusche eignet sich sehr gut für die Porträtstudien und vor allem für die Drapierung. Es steht allerdings der Malerei näher als der Zeichnung, da es mit dem Pinsel aufgetragen wird und einen Blick für den Gesamteindruck der Abtönung erfordert. Für die schnelle Studie nimmt man wasserlösliche farbige Blei- oder Grafitstifte, die Zeichnung kann dann leicht mit einem nassen Pinsel nachgearbeitet werden. In diesem Fall sollte man jedoch dickeren Karton verwenden, damit der Zeichengrund wegen der Feuchtigkeit keine Wellen wirft.

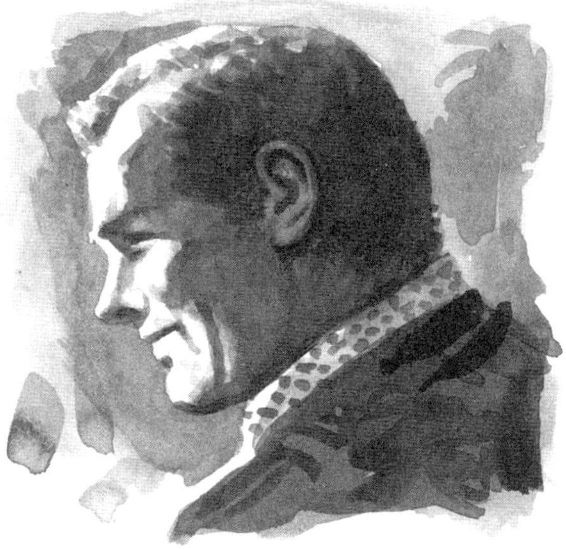

Tusche, Aquarell und weißer Pastellstift auf farbigem Papier

Die gemischten Techniken benutzen unterschiedliche Werkzeuge für eine Zeichnung und versuchen damit ungewöhnliche Effekte zu erzielen. Es handelt sich immer noch um grafische Mittel, aber ihre Anwendung erfordert viel Übung und Kenntnis der Einzeltechniken, um einen konfusen Eindruck zu vermeiden. Sie sind sehr wirkungsvoll, wenn sie auf einen rauen farbigen oder gar dunklen Grund aufgebracht werden.

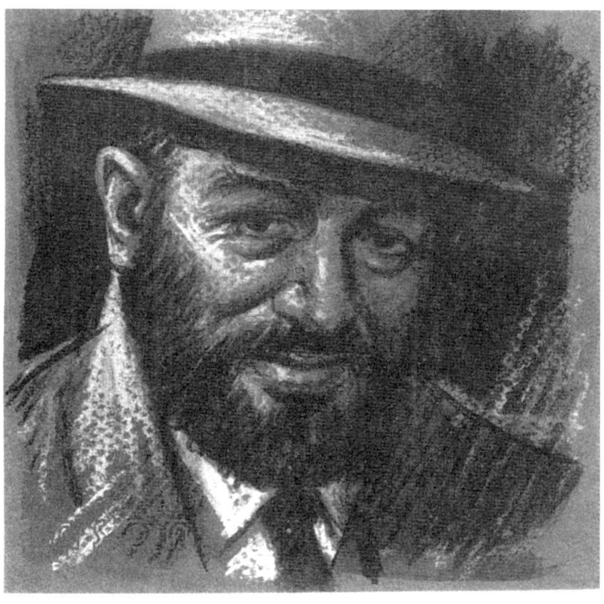

2 Praktische Überlegungen

In diesen einleitenden Überlegungen möchte ich kurz auf einige praktische Probleme des Porträts eingehen, die ich in den einzelnen Kapiteln dann noch anhand von Zeichnungen und Skizzen vertiefen und erläutern werde.

• **Porträttypen.** Der Mensch kann eine ganze Menge unterschiedlicher Positionen einnehmen und verfügt über zahlreiche psychische Ausdrucksmöglichkeiten. Der Künstler muss daher die Pose, die er dem Modell vorschlägt, so aussuchen, dass der Ausdruck optimal in der physiognomischen Darstellung zur Geltung kommt.
Außerdem verfügt jeder über typische Gesten, die bezeichnend für ihn sind. Anderseits gibt es bestimmte konventionelle kommunikative Gesten, die auf den sozialen Status oder den Beruf verweisen. So kann man zwei Grundtypen des Porträts unterscheiden: das klassische Porträt, in dem die Pose traditionellen, aus der Kunstgeschichte bekannten Schemata folgt und die noch hervorgehoben werden durch die Komposition, das Interieur und die Accessoires, die von symbolischer Bedeutung sein können. Beim unkonventionellen Porträt ist die Pose ungezwungen und das Modell wird in einer unwillkürlich erscheinenden Bewegung abgebildet. Diese wirkungsvolle und moderne Art des Porträts, die aus der Praxis der fotografischen Schnappschüsse entstanden ist, stellt an die Fähigkeiten und das Einfühlungsvermögen des Künstlers hohe Anforderungen. In diese Kategorie gehören auch die sogenannten Ausdrucksporträts, auf denen das Modell lächelt oder sich bewegt.

• **Der Bildausschnitt.** Egal welchen Typ von Porträt wir anfertigen, wir müssen vorher festlegen, ob wir nur den Kopf zeichnen, nur einen Teil des Gesichts oder die ganze Figur. In vielen Fällen ist es vorteilhaft, nur einen Teil der Figur zu zeichnen. In diesen Fällen sollten Sie viele Skizzen anfertigen, um die beste Pose für eine wirkungsvolle, gut ausgewogene und lebendige Komposition herauszufinden (S. 24). Sie müssen unbedingt vermeiden, das Interesse des Betrachters auf Nebensächliches abzulenken, und immer bedenken, dass der Brennpunkt das Gesicht und vor allem die Augen sein müssen. Beachten Sie aber auch, dass die Hände fast ebenso ausdrucksvoll sein können wie das Gesicht, sowohl durch ihren Gestus wie durch ihre Form oder ihren Platz in der Komposition. Wenn Sie meinen, dass Ihr Modell Hände mit Charakter hat, zögern Sie nicht, sie entsprechend hervorzuheben.

• **Die Sujets.** Einen Menschen zu porträtieren heißt auch, seinen Charakter und seelischen Zustand zu erfassen: darin besteht die eigentliche Kunst des Porträts. Bedenken Sie jedoch, dass juristisch jeder Mensch ein Recht an seinem eigenen Bild hat, und erbitten Sie von Ihrem Modell immer die ausdrückliche Erlaubnis, es zu porträtieren und das Bild auszustellen oder es anderweitig verwerten zu dürfen.

– DAS KINDERPORTRÄT (S. 47). Die Proportionen bei Kindern unterscheiden sich von denen Erwachsener, der Schädel ist deutlich größer als das Gesicht. Augen und Ohren erscheinen größer, die Nase ist kleiner, zeigt nach oben, das Knochengerüst ist feiner und das Kinn runder. Ein Kind kann nur schlecht länger stillhalten, während man es beobachtet; oft ist hier eine unbemerkt aufgenommene Fotografie hilfreich, um Fratzenschneiden zu vermeiden. Die feinen Gesichtszüge von Kindern erfordern eine schwache und eher indirekte Beleuchtung, eine starke künstliche Lichtquelle oder das direkte Sonnenlicht rufen starke Schatten hervor und führen zum Blinzeln.

– DAS FRAUENPORTRÄT. Beim Porträt von Frauen spielt neben der Persönlichkeit der Porträtierten vor allem der ästhetische Wert eine Rolle. Wählen Sie in erster Linie unkonventionelle, ungezwungene Posen für jüngere Frauen und gefasstere, aber heitere Haltungen für Frauen reiferen Alters. Vermeiden Sie unter allen Umständen gestellt oder übertrieben theatralisch wirkende Posen. In vielen Fällen ist es ratsam, ein Ganzkörperporträt anzufertigen, sodass Kleidung und Umgebung die Wirkung der Persönlichkeit unterstreichen.

– DAS MÄNNERPORTRÄT. Das Männerporträt soll immer noch eine offizielle Darstellung sein, die neben den Zügen auch die gesellschaftliche Stellung des Porträtierten zeigt. Bisweilen hilft eine seitliche Beleuchtung mit ihren interessanten Kontrasten, das plastische Volumen des männlichen Gesichts herauszuarbeiten. Jüngere Männer zeigt man besser in lockeren, unkonventionellen Posen, für ältere sind dagegen gesetzte und würdevolle besser geeignet. Verhindern Sie, dass das Modell die Arme verschränkt oder autoritär oder mürrisch erscheint.

– DAS SELBSTPORTRÄT (S. 44). Fast alle Künstler haben ihr eigenes Porträt gezeichnet, gemalt oder plastisch ausgeführt. Wenn auch Sie sich daran versuchen sollten, werden Sie bald feststellen, dass das eine sehr nützliche Übung ist, seine eigenen Fähigkeiten als Porträtist zu verbessern. Setzen Sie sich vor einen Spiegel und studieren Sie in Ruhe Ihr Bild bei verschiedenen Beleuchtungen und Haltungen und wählen Sie dann diejenige, die Ihnen am bequemsten ist und in der Sie sich am besten wiedererkennen. Das genauere Vorgehen habe ich auf S. 33 behandelt.

– DAS ALTERSPORTRÄT. Bei älteren Menschen hat ihr Leben seine Spuren in ihrem Gesicht hinterlassen. Deswegen

ist es bei ihnen auch leichter als bei jungen Leuten, die charakteristischen, ähnlichen Züge herauszuarbeiten. Suchen Sie bitte besonders sorgfältig die passenden Posen aus, die der Respekt für das Alter erfordert.
Vermeiden Sie eine zu direkte und harte Beleuchtung; auch wenn dies auf den ersten Blick sehr wirkungsvoll erscheint, kann es leicht dazu verführen, Charakterköpfe anstelle von Porträts zu zeichnen und Falten und Runzeln unvorteilhaft zu betonen. Achten Sie aber auf die altersbedingten anatomischen Veränderungen bei den Köpfen alter Menschen wie die Falten auf der Stirn, um die Augen und den Mund sowie am Hals, ferner auf die ausgedünnten und grauen Haare, das Einfallen der Augenhöhlen, die vergrößerten Ohren usw.

• **Die Bildgröße.** Auf dem gezeichneten Porträt sollte das Gesicht nicht größer sein als zwei Drittel der natürlichen Größe, sonst erscheinen die Proportionen verzerrt. Als größtes Format für den Kopf allein sollten Sie Blätter von 40 x 50 cm benutzen, für die gesamte Figur 50 x 70 cm. Achten Sie darauf, dass das Gesicht nicht ganz in der Bildmitte ist, sondern leicht zur Seite und nach oben verschoben (S. 24).

• **Die Wahl der Pose** (S. 25). Normalerweise versteht man unter Porträt die Wiedergabe von Kopf und Schultern, den sogenannten Büstenausschnitt, aber es können auch Arme und Hände mit dargestellt sein oder sogar die gesamte Figur.
Wenn Sie nach der Natur zeichnen, sorgen Sie dafür, dass das Modell bequem und in einer natürlichen Haltung sitzt, dass sich sein Gesicht etwa auf einer Höhe mit Ihrem befindet und dass sein Ausdruck zwar entspannt ist, aber doch seinen Charakter deutlich macht, sodass Sie neben der physischen auch die psychische Ähnlichkeit einfangen können. Man sollte auch eine Position wählen, die seine körperliche Beschaffenheit überschauen lässt, und es aus einem Abstand von ein paar Metern zeichnen, um Verkürzungen zu vermeiden. Im Allgemeinen ist die Dreiviertelansicht am wirkungsvollsten, aber auch das Profil oder die reine Vorderansicht können interessant sein.

• **Die Beleuchtung** (S. 30). Das Licht sollte ein wenig streuen, aber dennoch aus einer einzigen Quelle, dem Fenster oder einem Beleuchtungskörper, ein wenig von oben und eher von der Seite kommen. So können die Gesichtszüge gut ausgeleuchtet werden, jedoch weich, ohne hässliche Schatten unter der Nase, den Lippen und um die Augen.
Vermeiden Sie deswegen grelles elektrisches Licht etwa von einem Scheinwerfer oder direktes Sonnenlicht; hier sehen Sie jede kleine Unregelmäßigkeit auf der Haut, jedoch keinerlei Modellierung und Volumen. Außerdem blenden sie das Modell, sodass es zu verkrampften und unnatürlichen Grimassen neigt.

• **Die Kleidung.** Vor allem beim Ganzkörperporträt ist die Kleidung nicht unwichtig, sowohl für die Komposition und die Gesamterscheinung, aber auch, weil sie etwas über die Persönlichkeit, die gesellschaftliche Stellung und die Gefühle der dargestellten Person aussagt sowie auch etwas über die zeitlichen und örtlichen Umstände. Lassen Sie daher dem Modell die freie Wahl der Kleidung und beschränken Sie sich darauf, solche Kleidungsstücke vorzuschlagen, die durch ihren Schnitt und Sitz zu einer wirkungsvollen Komposition beisteuern können. Achten Sie auf die Falten der Kleidung und ihren Verlauf sowie darauf, wie sie je nach ihrer Struktur unterschiedlich fallen; weiche und leichte Stoffe bilden viele kleine Falten, dicke und schwere Stoffe dagegen wenige und große Falten. In jedem Fall verlaufen sie von einem Aufhängepunkt herab, wie den Schultern, den Ellenbogen oder den Knien usw. Geben Sie nur den Verlauf und das Volumen der größten und wichtigsten Falten an und lassen Sie die kleinen weg, um die Zeichnung nicht zu verunklären. In einigen Fällen kann bei weiblichen Modellen durch teilweise unbekleidete Körperteile, etwa Schultern, Brust oder Rücken, das Porträt an Intimität und Ausdruck sehr gewinnen (S. 56).

• **Die Haare.** Sie sind in ihrem Gesamteindruck, durch ihre Farbe, ihre Dichte und ihren Schnitt entscheidend für den Charakter eines Gesichts. Der Zeichner kann die Frisur ausnutzen, um von ihr aus das Gesicht zu komponieren, und im Kontrast dazu die physiognomischen Züge des Modells je nachdem abschwächen oder hervorheben.
Wenn Sie weibliche Modelle zeichnen, die normalerweise über einen reicheren Haarwuchs verfügen, sollte die Frisur nicht zu aufwendig sein, sondern von klarem Schnitt und wohlgeordnet. Die Haare müssen als Masse behandelt werden. Geben Sie das Gesamtvolumen in der passenden Farbe an und versuchen Sie, die wichtigsten Haarpartien hervorzuheben. Von diesen geben Sie die Licht- und Schattenzonen sowie die Begrenzungen an und lassen Sie die kleinen unbedeutenden Lichter und vor allem die einzelnen Haare weg, es reichen wenige klare und dünne Striche, um sie anzudeuten. Benutzen Sie einen weichen Stift und zeichnen Sie deutliche breite Striche, auch in unterschiedlichen Richtungen, wenn Sie eine ungewöhnliche Struktur erzielen wollen. Achten Sie besonders darauf, dass Sie den Ansatz der Haare vor allem an der Stirn und an den Schläfen unregelmäßig und verwischt zeichnen.

• **Der Hintergrund.** Das Porträt braucht einen zurückhaltenden und nüchternen Hintergrund, in Abtönungen, die keinen allzu großen Kontrast untereinander bilden und daher von den Gesichtszügen ablenken würden. Legen Sie gleich zu Anfang fest, ob Sie einen hellen Hintergrund, z. B. den des Zeichengrundes, oder einen dunklen haben wollen. Manchmal kann man als Hintergrund auch das Ambiente benutzen, in welchem man das Modell zeichnet, seinen Arbeitsplatz, seine Wohnung oder seinen Garten usw. Behandeln Sie das Ambiente dann als Landschaft oder als Interieur, aber so, dass es nicht zu viel Gewicht gegenüber dem Gesicht oder der Figur gewinnt.

• **Wie erreicht man Ähnlichkeit?** Wie bereits gesagt, bedeutet das Zeichnen einer menschlichen Figur, sowohl ihren physischen wie ihren psychischen Eindruck einzufangen und wiederzugeben. Für die physische Ähnlichkeit (S. 32) achten Sie besonders auf den Gesamteindruck und arbeiten Sie sich vom Allgemeinen zum Besonderen vor und beachten Sie genau die Proportionen Ihres Sujets sowohl des Kopfumrisses im Ganzen wie das Verhältnis zwischen den Einzelteilen, aus denen er besteht, wie Augen, Nase, Lippen usw. Um die psychologische Ähnlichkeit zu erzielen, unterhalten Sie sich mit Ihrem Modell, versuchen Sie, seinen Charakter zu erfühlen, seine Vorlieben, Gewohnheiten, beachten Sie, wo und wie es lebt und arbeitet. Natürlich ist dies nicht immer alles möglich, aber es hilft, die passendste Pose herauszufinden und welche Aspekte des Charakters man besonders hervorheben sollte.

• **Technische Hilfsmittel**

- Die Fotografie.
Sie ist hilfreich, um unwillkürliche und flüchtige Haltungen der Modelle einzufangen oder für eine Dokumentation in den Fällen, in denen es nicht möglich ist, Modellsitzungen abzuhalten, und schließlich, um Kinder zu porträtieren. Fertigen Sie die benötigten Fotos selbst an, da sie Ihnen als Orientierungspunkte dienen sollen und nicht selbst als Modelle, die Sie nur abzeichnen. Eine Digitalkamera ist problemlos zu bedienen. Vermeiden Sie mögliche perspektivische Verzerrungen, indem Sie nicht zu nah an das Objekt herangehen. Benutzen Sie nach Möglichkeit natürliches Licht und keinen Blitz, denn dessen scharfes, flaches, von vorn kommendes Licht ist ungeeignet für Porträts.

- Die Skizzen.
Sie sollten es sich zur Gewohnheit machen, vor allem wenn Sie nach der Natur arbeiten, zahlreiche kleine Skizzen anzufertigen, in denen Sie nur die großen Linien des Gesichts oder der Figur festhalten, die Sie porträtieren wollen. Versuchen Sie so, die beste Komposition auszuprobieren, die geeignete Lichtführung, die passende Größe usw., indem Sie um Ihr Modell herumgehen. Auch wenn sie auf die Schnelle ausgeführt sind, erfordern diese Skizzen doch sehr viel Aufmerksamkeit und sind sozusagen eine Art Entdeckungsreise zu den künstlerischen Perspektiven, die das Sujet eröffnet, und davon kann durchaus das Gelingen einer Porträtzeichnung abhängen. Wenn Sie bereits ein wenig Erfahrung im Zeichnen von Gesichtern haben und Sie Lust verspüren sollten, sich in der Porträtmalerei zu versuchen, dann sollten Sie auch eine Vorstudie erstellen, die etwas ausführlicher ist als die Skizzen; in dieser können Sie die möglichen Probleme des Sujets lösen und alle Informationen für das endgültige Werk festhalten.

- Die Vergrößerung.
Wenn Sie eine ausgeführte Porträtzeichnung anfertigen oder ein richtiges Porträt in Farbe malen wollen, sollten Sie auf dem endgültigen Mal- oder Zeichengrund die Grundlinien skizzieren, von denen ausgehend Sie das Werk ausarbeiten. Dazu können Sie bei den ersten Versuchen zu technischen Hilfsmitteln greifen, um ohne größere Mühe eine Vorlage auf das erforderliche Maß zu bringen. Sie können einen einfachen Diaprojektor nehmen, einen Beamer oder ein Epidiaskop für undurchsichtige Vorlagen, wie Fotos, Zeichnungen oder Fotokopien anderer Vorlagen. Projizieren Sie das Bild einfach in der passenden Entfernung und Größe auf den Zeichengrund und ziehen Sie die Konturen der Figur oder des Gesichts nach. Diese einfachen technischen Hilfsmittel und Tricks sollten jedoch der künstlerischen Entwicklung eines Zeichners nicht im Wege stehen und er darf sich nicht allein auf sie verlassen. So sollte er es besser mit der aus der Schule bekannten Rastermethode versuchen: Man zeichnet ein Netz von Quadraten auf die Vorlage, eine Zeichnung oder eine Fotografie, die man vergrößern will, und dann ein Netz mit gleich vielen, aber entsprechend größeren Quadraten auf den Zeichengrund. So kann man einfach Quadrat für Quadrat die Vorlage abzeichnen.

- Die Arbeitsräume.
Wenn Sie ein eigenes Atelier haben oder zumindest ein Zimmer Ihrer Wohnung ganz Ihrer Zeichentätigkeit widmen wollen, sollten Sie gerade für Porträtsitzungen an einige Einrichtungsgegenstände denken. So zum Beispiel an einen Stuhl, einen Sessel oder ein kleines Sofa, wo das Modell bequem und entspannt in der gewünschten Pose Platz nehmen kann; an eine Lichtquelle mit regelbarer Helligkeit; an ein Radio oder einen kleineren Fernseher, damit für das Modell (und eventuell auch für Sie) ausgedehntere Sitzungen nicht zu langweilig werden. In diesem Sinn sollten Sie auch regelmäßig Pausen machen und diese dazu verwenden, Ihr Sujet in anderen Haltungen und Ausdrücken zu studieren.
Im Atelier können Sie den Zeichengrund auf einer Staffelei oder einem in seiner Neigung verstellbaren Arbeitstisch ablegen, aber meistens wird es ausreichen, wenn Sie Ihren Zeichenblock auf einer steifen Unterlage aus Pappe, Presspappe oder Holz auf die Knie legen. Diese Unterlage ist zusammen mit den anderen benötigten Werkzeugen auch sehr hilfreich, um unter freiem Himmel und in der Öffentlichkeit zu zeichnen oder um sie zu jemandem mitzunehmen, der Sie zu einer Porträtsitzung zu sich nach Hause eingeladen hat.

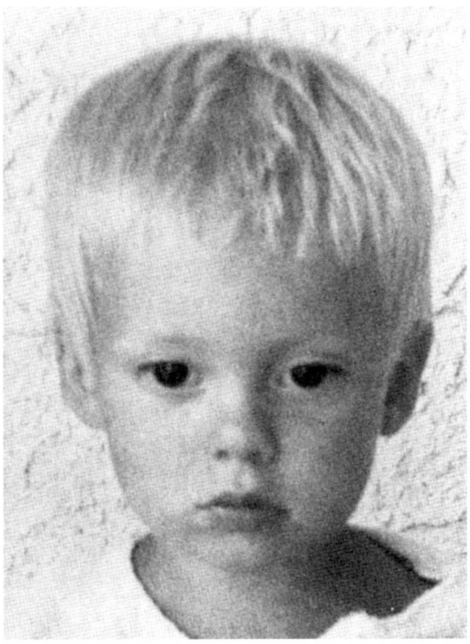

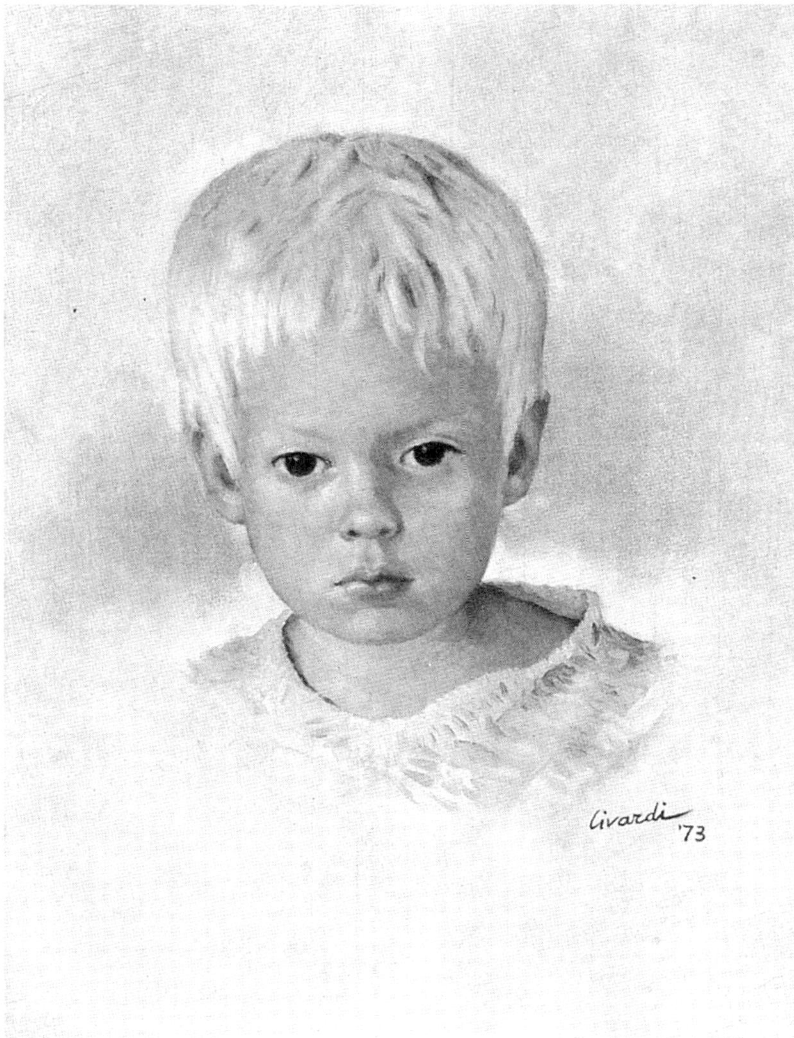

Porträtstudie, Öl auf Leinwand, 30 x 40 cm.

Neben dem Bild habe ich auch die fotografische Vorlage abgebildet, die ich für das Porträt benutzt habe, das ich im Auftrag und ohne Dabeisein des kleinen Modells gezeichnet habe. So können Sie sehen, inwieweit ich die Informationen der Fotografie in der Zeichnung getreu umgesetzt, betont oder weggelassen habe.

3 Proportionen, Ansichten und die Konstruktion des Kopfes

Proportionen

Beim Zeichnen von Köpfen geben die Proportionen die Maßverhältnisse zwischen den Einzelteilen an. Köpfe unterscheiden sich, sowohl in ihrer Größe wie in dem Aufbau ihrer Einzelteile, aber alle können auf ein Proportionssystem zurückgeführt werden, mit dessen Hilfe die Formen vereinfacht werden und ihre besondere Beziehung zueinander im Raum bestimmt werden kann, sodass sie dann am richtigen Platz und im richtigen Verhältnis zueinander sitzen. Beim Zeichnen von Köpfen sollten Sie dem Aufbau des Kopfes viel Aufmerksamkeit widmen, um seinen Gesamtcharakter richtig einschätzen können, weil vor allem davon die Ähnlichkeit zum Modell abhängt. Wenn die Einzelheiten, selbst wenn sie genau beobachtet sein sollten, nur sehr unbestimmt in den Gesamtzusammenhang eingefügt werden, führt dies fast immer zu einem unbefriedigenden Bild von nur oberflächlicher Ähnlichkeit.

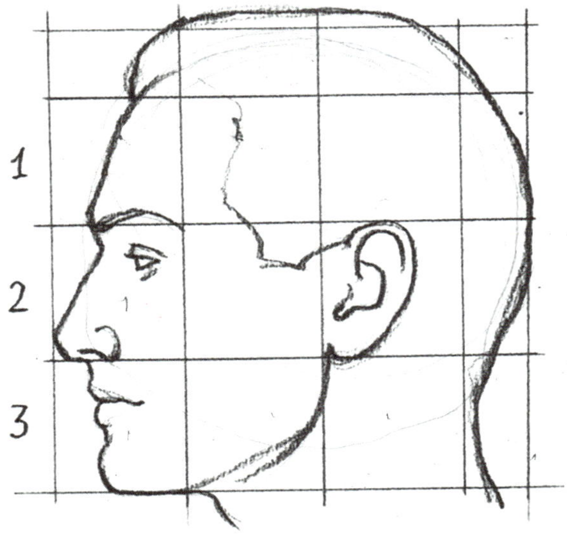

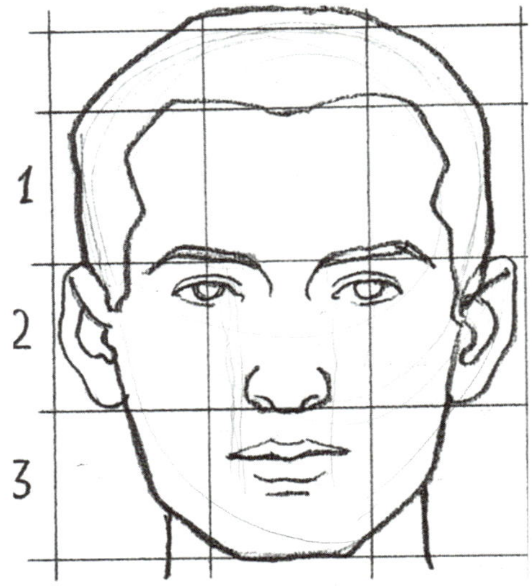

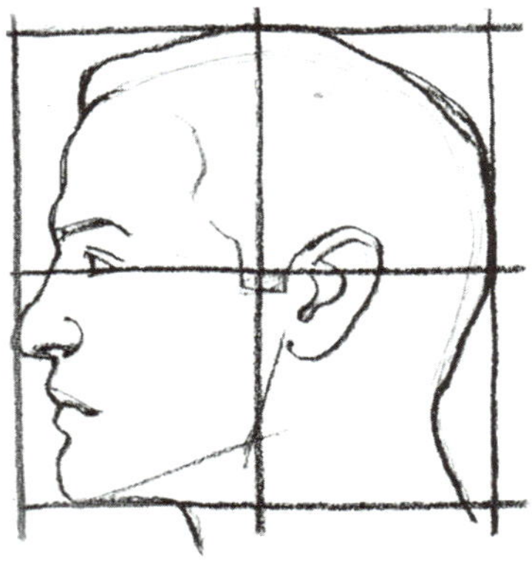

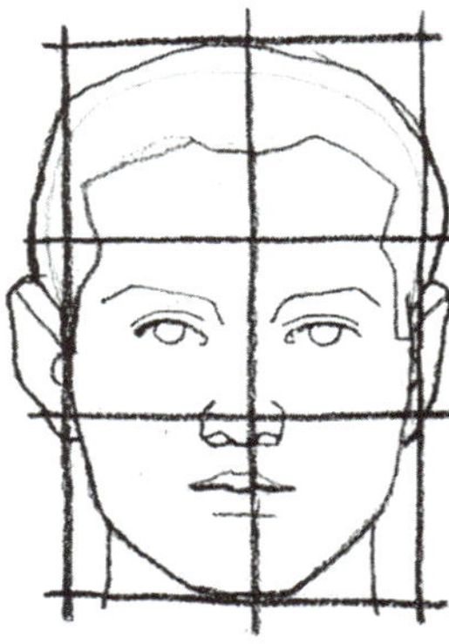

Die Skizzen auf dieser Seite bieten Beispiele für die Proportionen eines typischen Kopfes in der Vorderansicht und im Profil. Vergleichen Sie sie mit Ihrem Modell und machen Sie sich Abweichungen bewusst. Der Kopf wird in drei gleiche Teile unterteilt, die Stirnhöhe bis zum Haaransatz, die Nasenlänge und das Untergesicht.

Im Profil entsteht bei der Verbindung der drei Punkte über der Nasenwurzel, am Kinn und am Ende des Kiefers am unteren Ansatz der Ohren ein gleichseitiges Dreieck; ebenso bei der Verbindung der äußeren Augenwinkel mit der Unterkante der Unterlippe. Die Breite des Auges entspricht einerseits der Breite der Nasenflügel, andererseits kann man mit ihr auch den Abstand der Augen feststellen, nach der alten Formel der Kunstakademien: „Zwischen Auge und Auge passt ein Auge." Von oben gesehen hat der Kopf normalerweise die Form eines sich nach hinten verbreiternden Ovals.

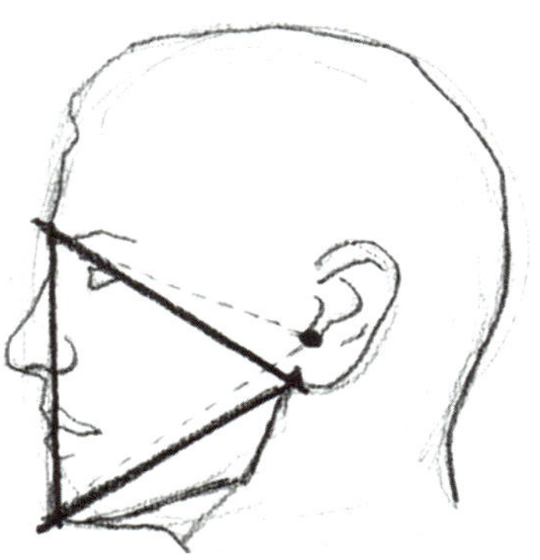

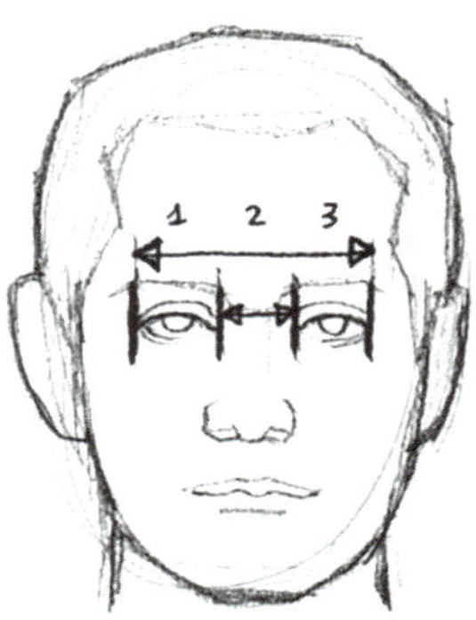

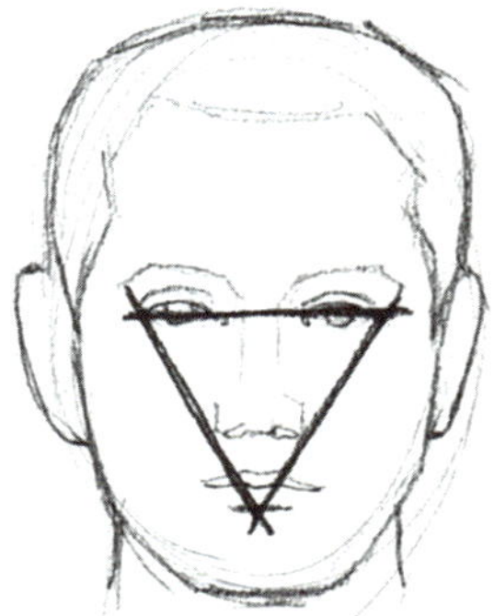

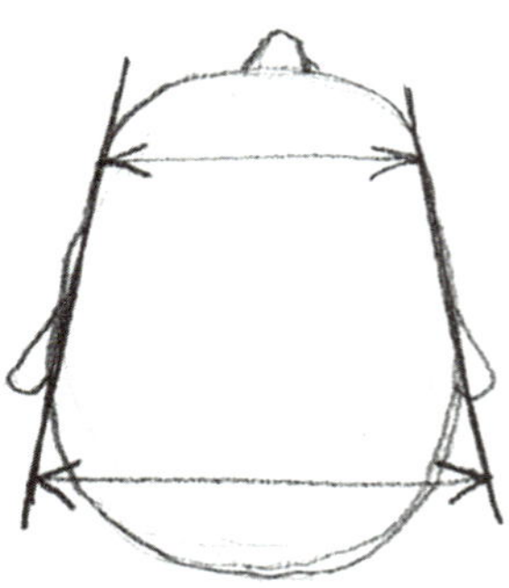

Ansichten

Die Perspektive wird benutzt, um die räumliche Tiefenerstreckung der Dinge grafisch in die Fläche zu projizieren. Dies gilt auch für den Kopf, der wie jeder andere Gegenstand korrekt nach den Regeln der Perspektive gezeichnet werden muss. Die folgenden Schemazeichnungen sollten fürs Erste ausreichen, um die grundlegenden Prinzipien der perspektivischen Projektion klarzumachen, Betrachterstandpunkt, Horizontlinie und die Fluchtpunkte. Wenn Sie sich den Kopf in einem Kubus vorstellen, dessen Seitenlinien seine äußersten Punkte umschließen, dann wird es ihnen leichtfallen, erst einmal in groben Zügen die Einzelteile des Gesichts perspektivisch zu entwerfen. Später können Sie diese Übung verfeinern, indem Sie den Kopf innerhalb einer Ei- oder Zylinderform anlegen (S. 12).

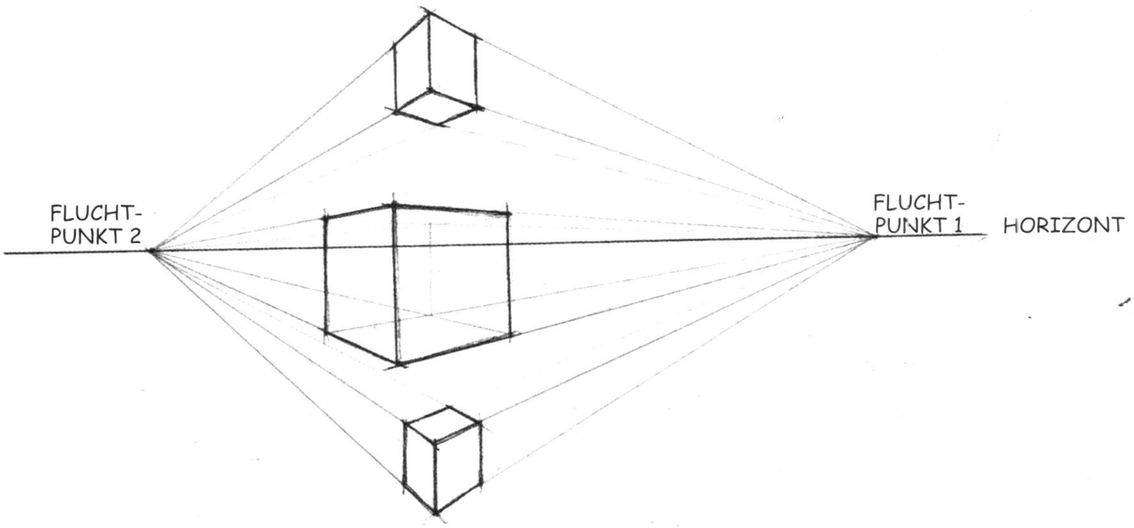

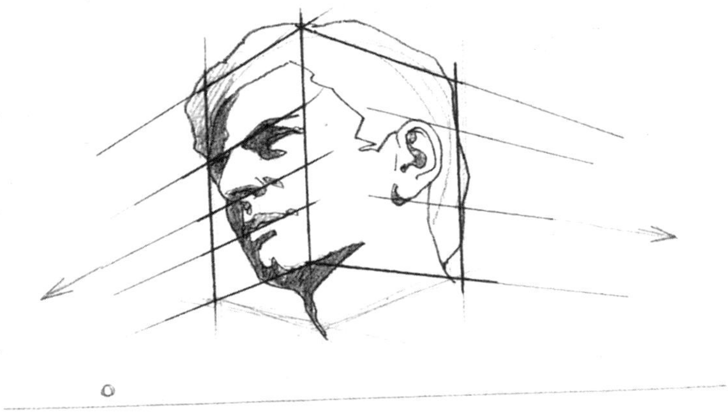

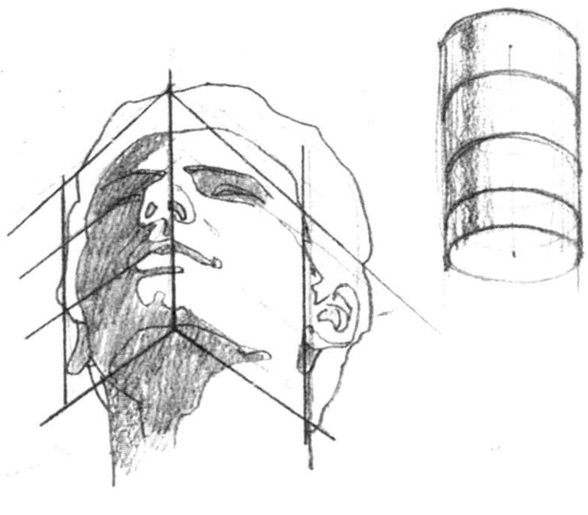

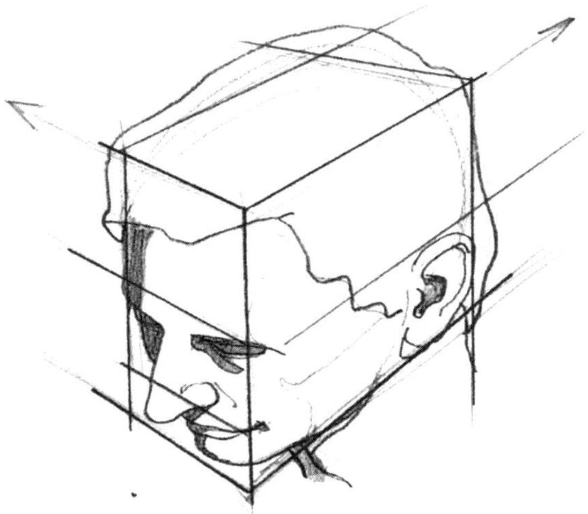

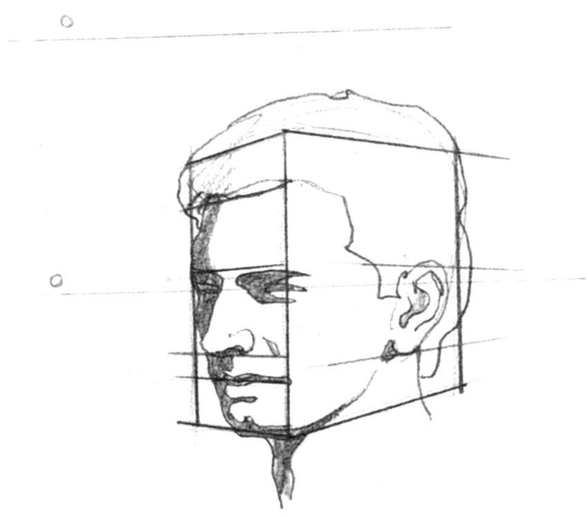

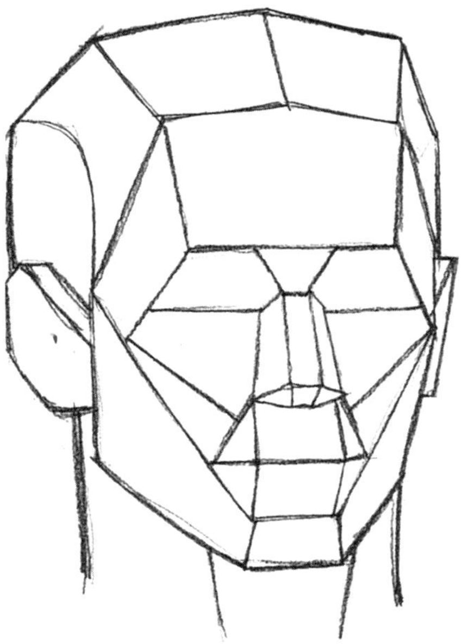

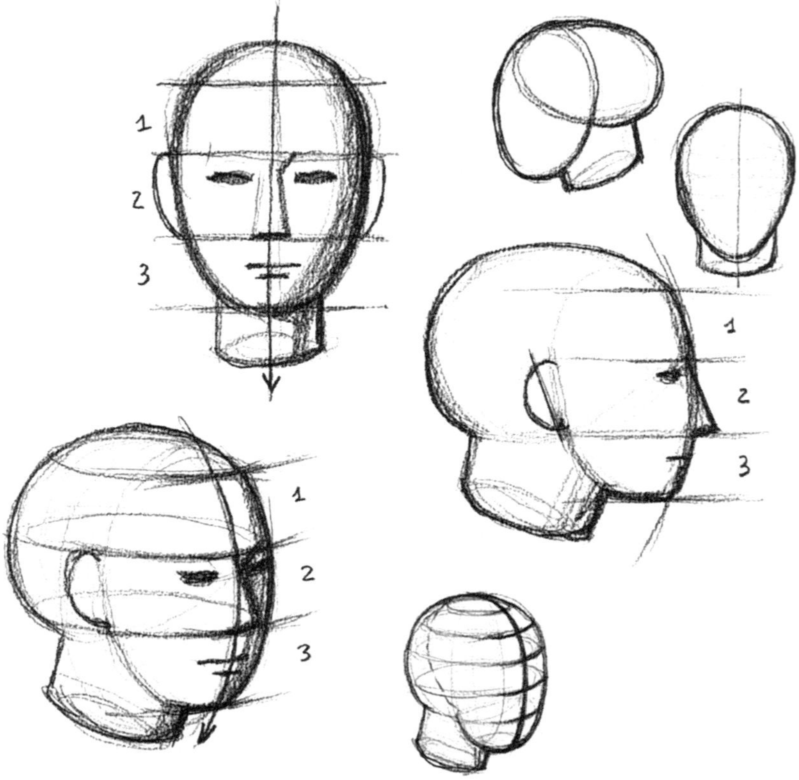

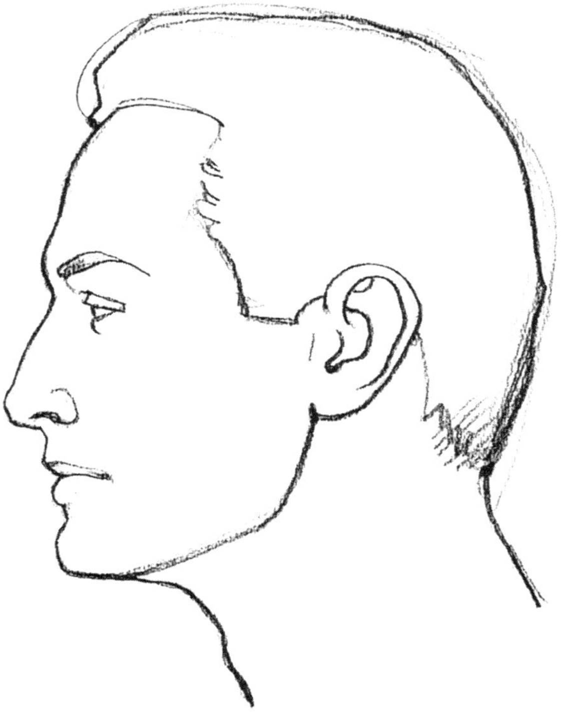

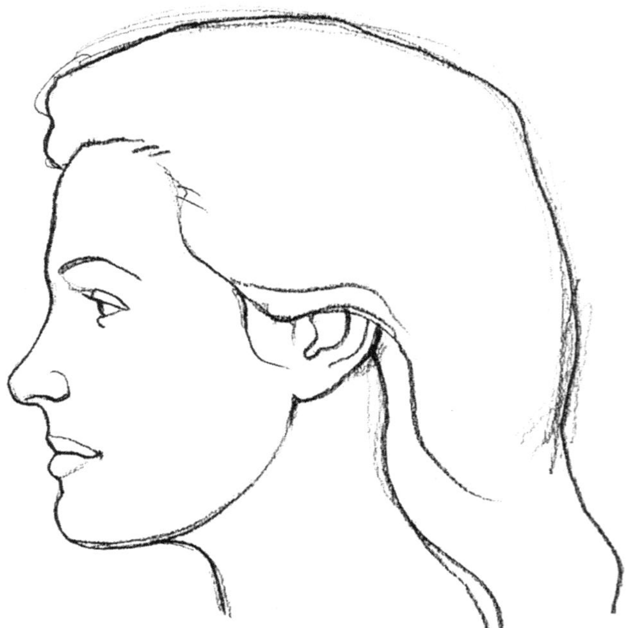

Konstruktionsformen

Der Kopf kann geometrisch der Eiform angenähert und so leichter gezeichnet werden – sowohl seine perspektivische Projektion wie auch die Verteilung von Licht und Schatten. Beachten Sie, wie sich Gesicht und Hinterkopf als eiförmige Körper zueinander verhalten. Am Kopf können nun weitere facettierte Bereiche unterteilt werden, die ihrerseits die Gesichtslandschaft bestimmen, die dann durch Licht und Schatten modelliert wird. Dies können Sie an Fotografien üben, die Köpfe in unterschiedlichen Positionen wiedergeben.
Wenn man das erste Mal einen menschlichen Kopf zeichnen will, stellt sich als Erstes die Frage, wo man anfangen soll. Ein traditionelles und pedantisches, aber dennoch sehr nützliches Verfahren stelle ich hier vor und werde es noch im Abschnitt 12 (S. 32) weiter ausführen. Denken Sie daran, dass es beim Porträt zuallererst darauf ankommt, genau die charakteristischen Ähnlichkeiten in der Gesamterscheinung des Modells zu erfassen und erst dann zu den Verhältnissen und Besonderheiten im Detail vorzugehen.

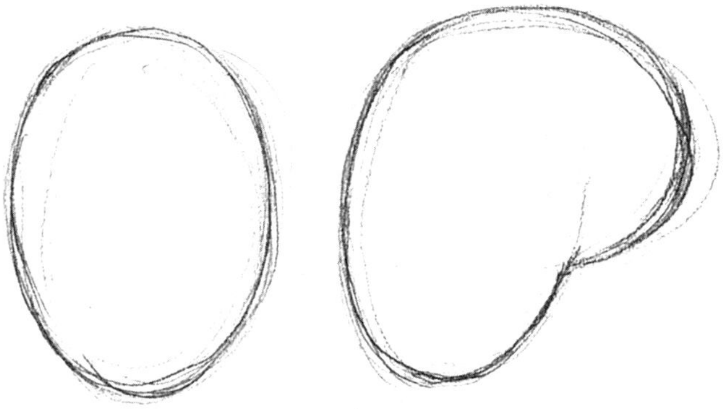

PHASE 1

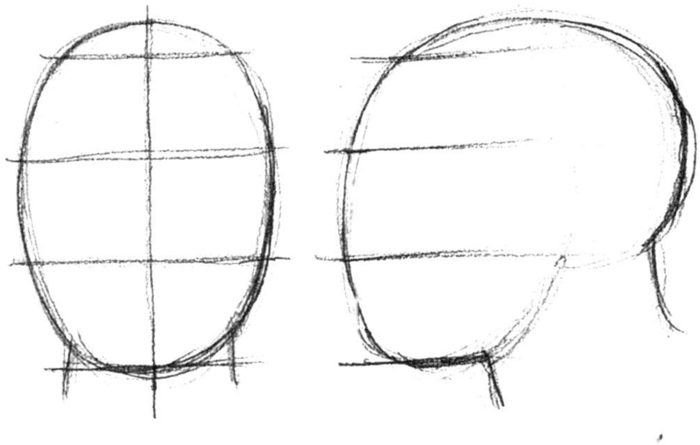

PHASE 2

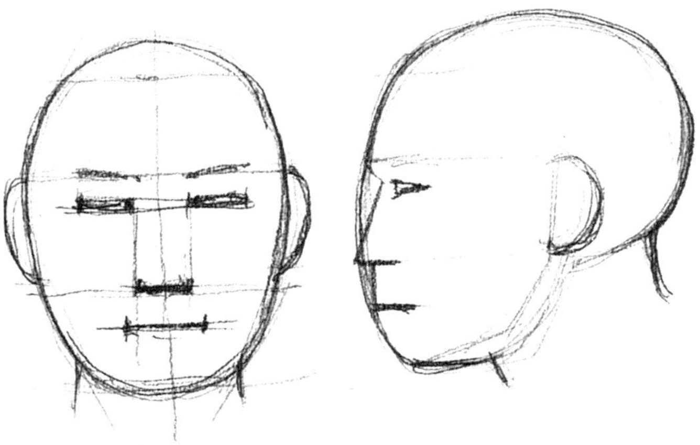

PHASE 3

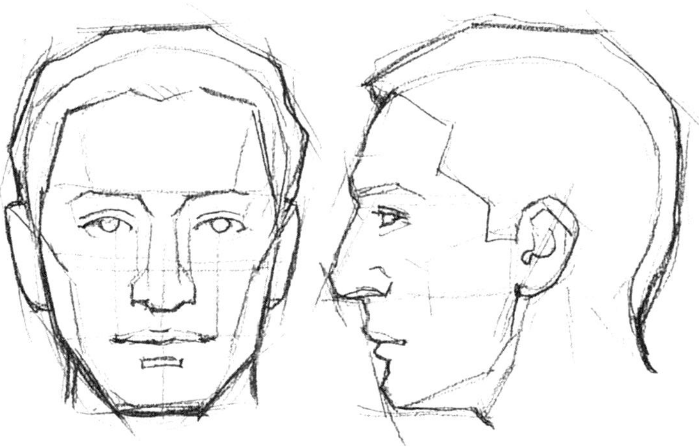

PHASE 4

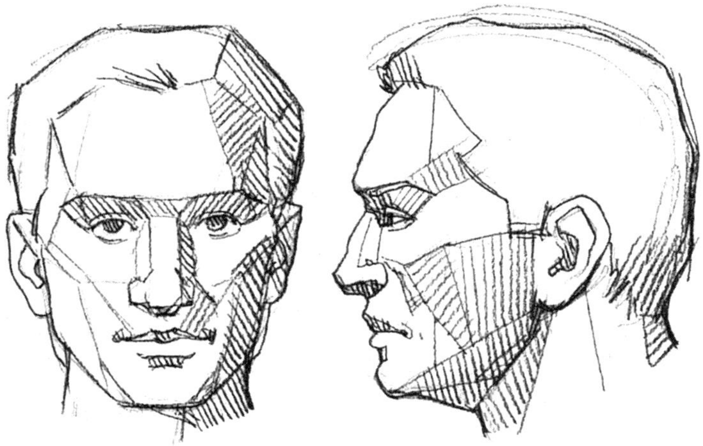

PHASE 5

In diesen Skizzen habe ich mich auf die Vorder- und Profilansicht beschränkt, um die wichtigsten einander folgenden Phasen deutlich zu machen.

Phase 1

Bezeichnen Sie auf dem Blatt den Bereich, den der Kopf einnehmen soll, und zeichnen Sie ein einfaches Oval.

Phase 2

Geben Sie die Proportion an und zeichnen Sie vier parallele, horizontale Linien ungefähr gleichen Abstands zur Unterteilung des Gesichts.

Phase 3

Achten Sie bei der Angabe von Augen, Nase, Lippen und Ohren auf das richtige Verhältnis zueinander.

Phase 4

Fahren Sie fort mit der Angabe der Einzelteile des Kopfes, markieren Sie die Masse des Haares usw. und nähern Sie sich langsam der Naturform an.

Phase 5

Setzen Sie die Ausarbeitung fort, achten Sie dabei auch auf die Wirkung der Beleuchtung und akzentuieren Sie Licht und Schatten.

4 Anatomie

Einige Grundkenntnisse der Anatomie des menschlichen Kopfes und der angrenzenden Bereiche, wenn möglich auch der Hände, sind für das volle Verständnis der äußeren Formen des Gesichts hilfreich, wenn sie auch nicht allein für ein gutes Gelingen der Zeichnung ausreichen.

Das Skelett

Die Skelettstruktur des Kopfes bestimmt auch in großem Maße seine äußere Erscheinung. Man kann zwei Teile unterscheiden, den Hirnschädel und den Gesichtsschädel, die ihrerseits wieder aus zahlreichen Knochen bestehen, die untereinander fest zu einer soliden Struktur verwachsen sind. Der einzige bewegliche Knochen ist der Unterkiefer.

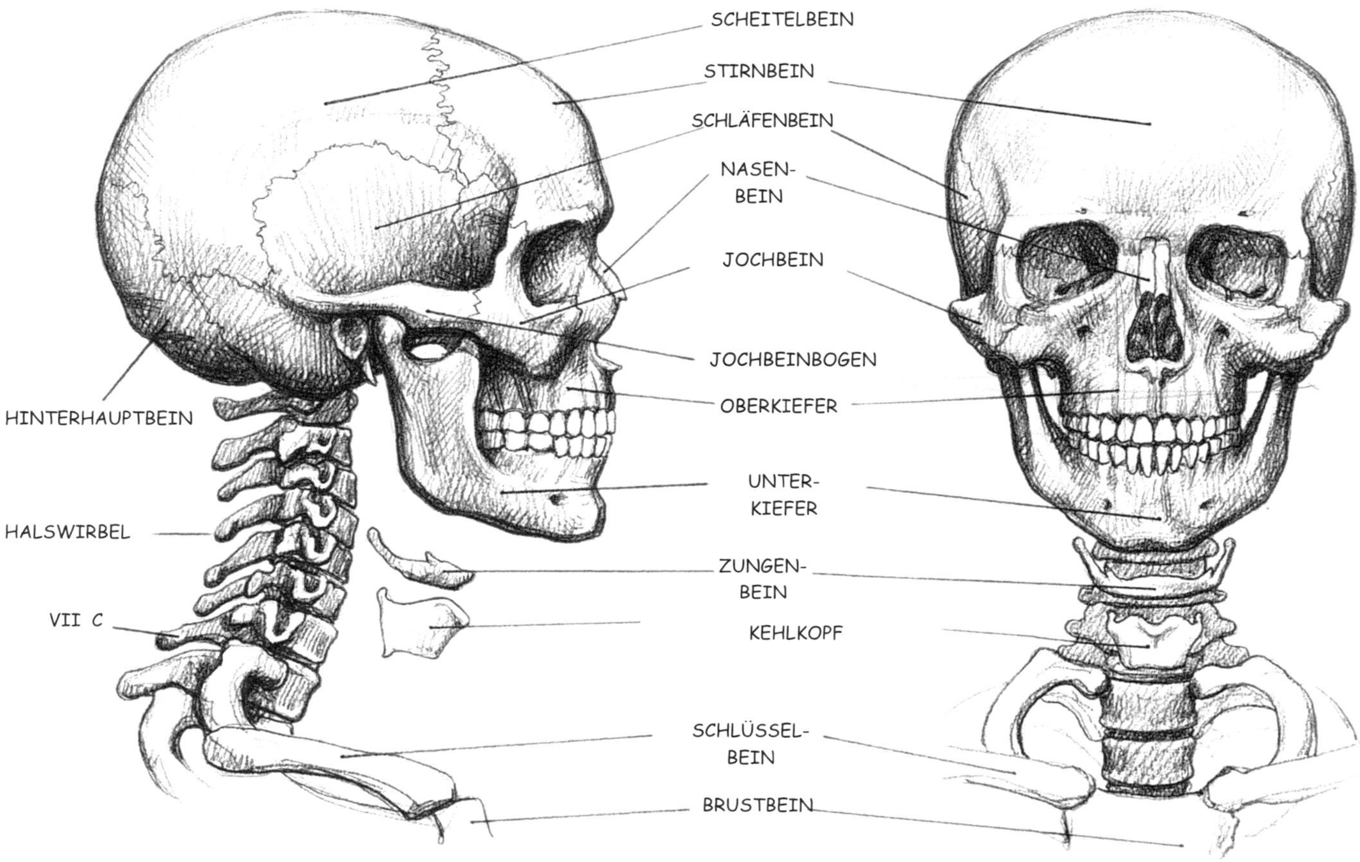

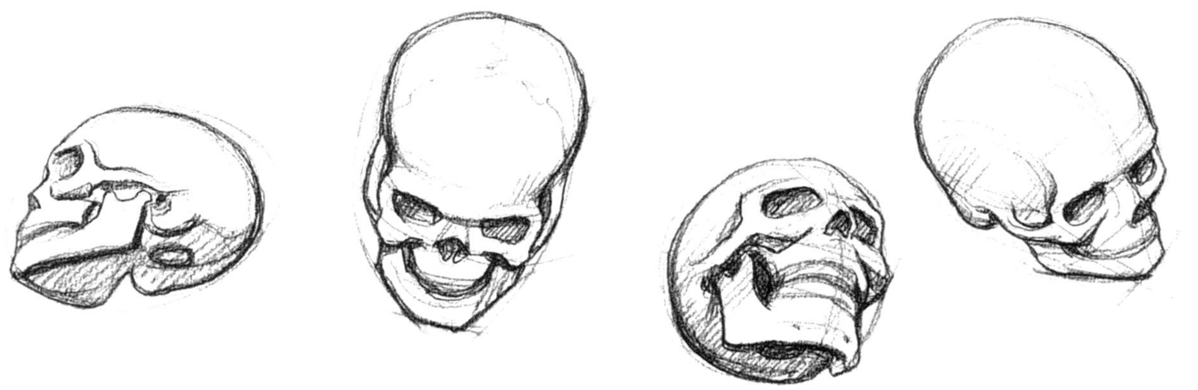

Wenn Sie einen richtigen Schädel studieren können oder eine plastische Nachbildung davon besitzen, üben Sie sich darin, ihn in seinen Grundlinien zu zeichnen. Nehmen Sie ihn aus verschiedenen Blickwinkeln auf, wie ich es in diesen Skizzen getan habe, und beachten Sie die Grundsätze der Perspektive und der strukturellen Vereinfachung.

Die Muskeln

Bei der Gesichtsmuskulatur unterscheidet man zwei Gruppen: die mimische Muskulatur, die die Haut bewegt und für den physiognomischen Ausdruck verantwortlich ist, und die Kaumuskulatur, die den Kiefer bewegt. Diese Muskeln liegen auf dem Schädelknochen auf und vollziehen ziemlich getreu seine äußere Form nach und sind sehr dünn. Studieren Sie bitte auch die wichtigsten Halsmuskeln, weil sie fast auf jedem Porträt erscheinen.

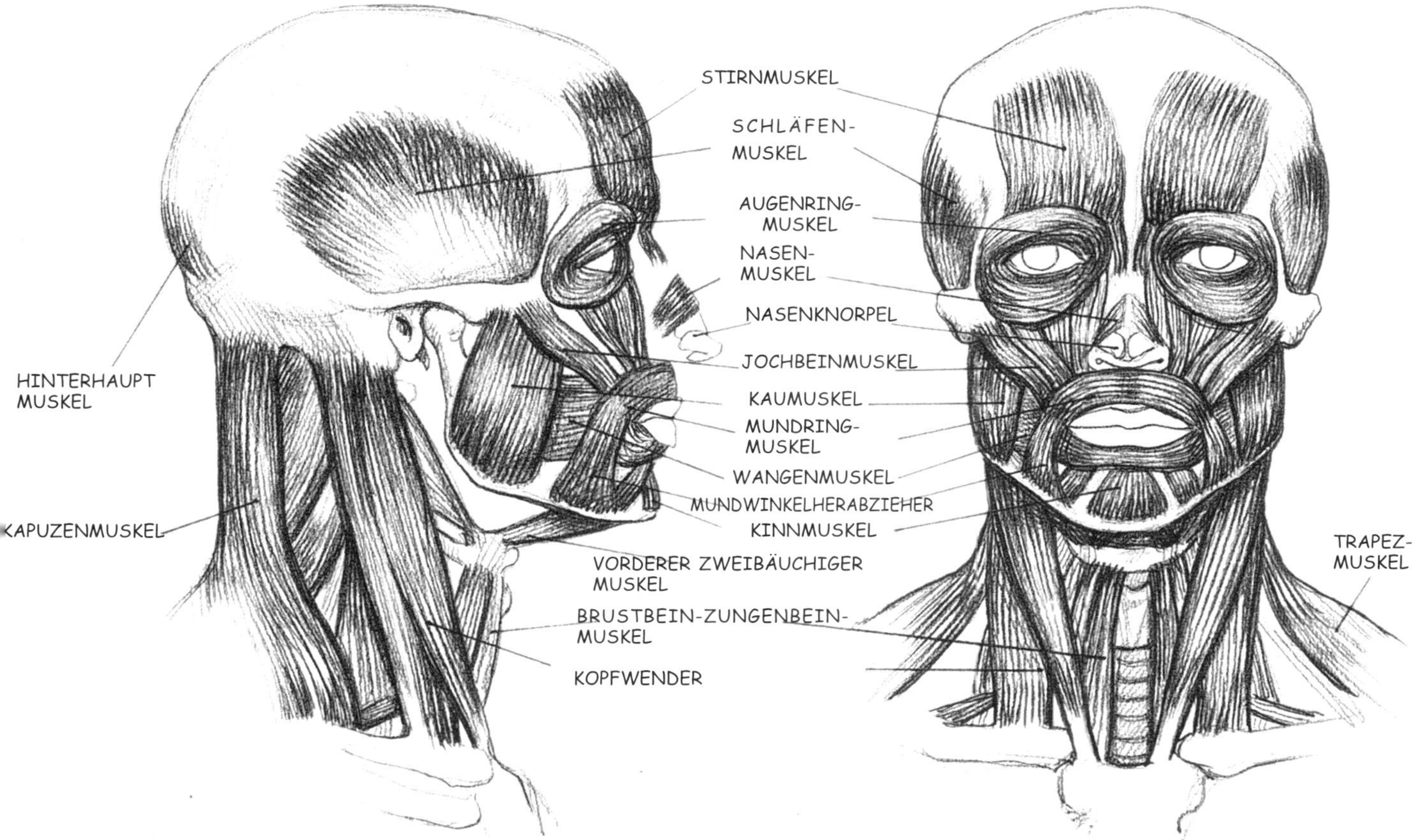

Im nebenstehenden Schema habe ich versucht, das Verhältnis der Skelettstruktur zur äußeren Erscheinung des männlichen Kopfes zu verdeutlichen. Beachten Sie genau die Position des Ohrläppchens, des Auges und der Lippen. Das Volumen zwischen der Oberfläche der Knochen und der des Kopfes wird vom Muskelgeflecht, dem Fettgewebe und der Haut ausgefüllt.

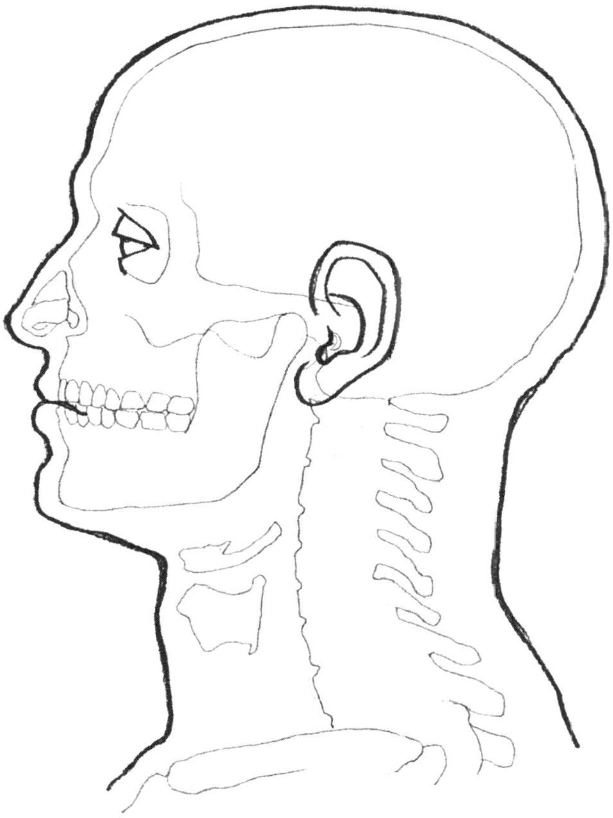

5 Die Einzelteile des Gesichts: Das Auge

Nachdem wir uns mit dem Gesamtaufbau des Kopfes beschäftigt haben, sollten wir jetzt unsere Aufmerksamkeit den Einzelteilen des Gesichts zuwenden, also der Nase, den Lippen, den Augen usw. Von jedem sollte man die wesentlichen, sozusagen konstruktiven Bestandteile kennen, weil erst diese Kenntnis und die genaue Wiedergabe ihrer Besonderheiten bei einzelnen Individuen zu einem ähnlichen Porträt führt. Das Auge ist vielleicht der ausdrucksvollste, sprechendste Teil des Gesichts, und deswegen muss man es an der richtigen Stelle und in seiner exakten Form angeben. Beachten Sie, dass der weiße Teil des Augapfels im Vergleich zu einem Blatt Papier in Wirklichkeit nicht richtig weiß ist und seine Schattierung von der eigenen Wölbung und dem Schatten der Lider abhängig ist. Achten Sie auch darauf, dass bei der Wiedergabe der Augäpfel die Pupillen in die gleiche Richtung blicken und nicht schielen, denn davon hängt wesentlich der Ausdruck des Blicks ab.

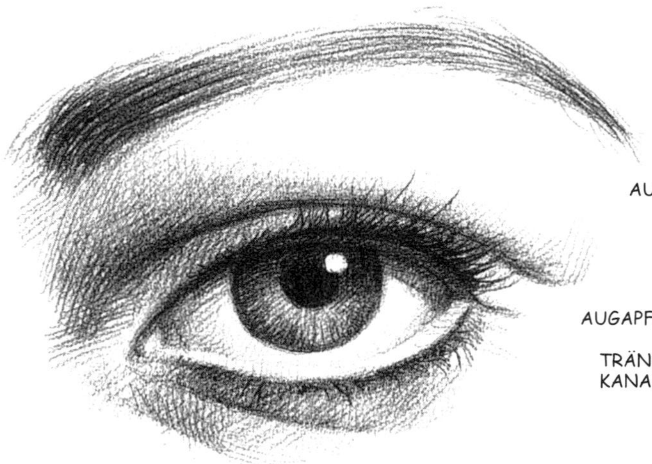

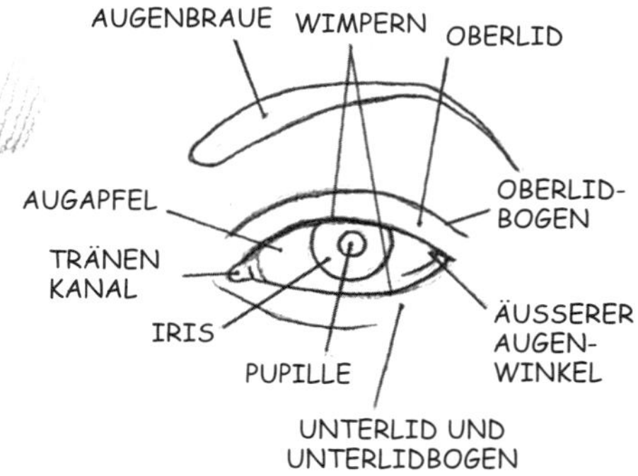

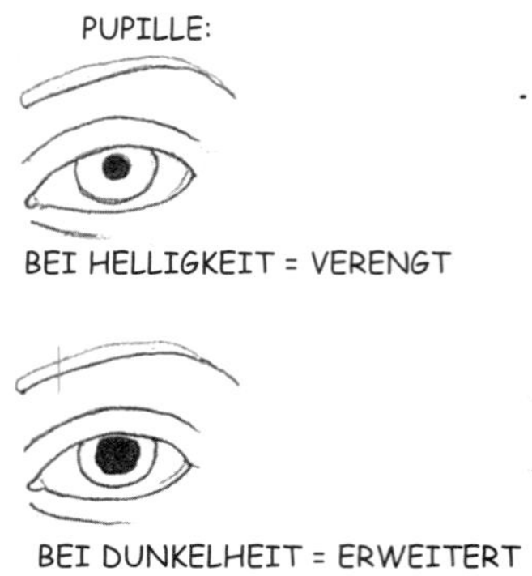

Die folgenden Skizzen sollten ausreichen, um die sphärische Struktur des Auges klarzumachen und wie sich die Lider zu ihm verhalten. Unten die einzelnen Phasen, wie man es korrekt zeichnet.

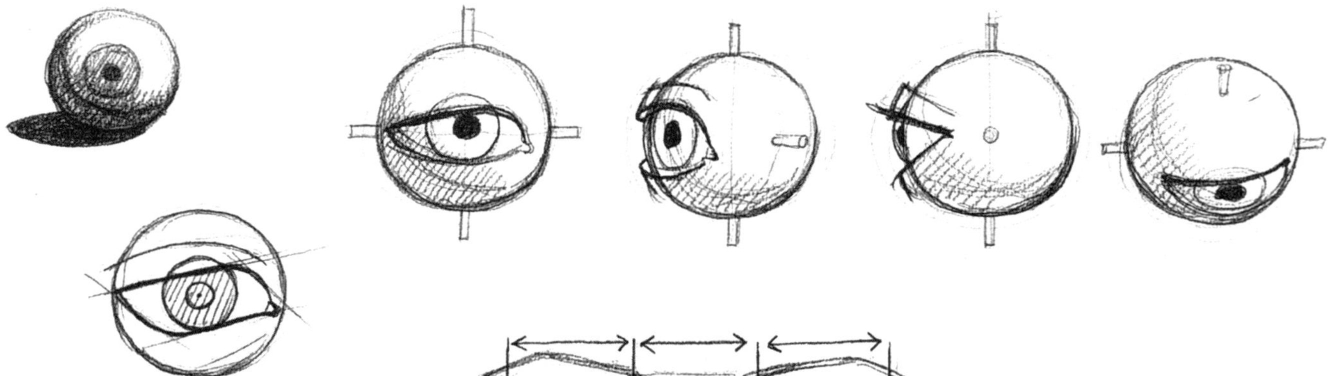

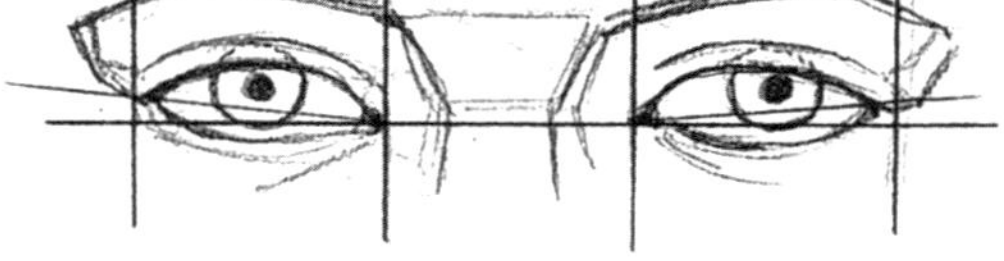

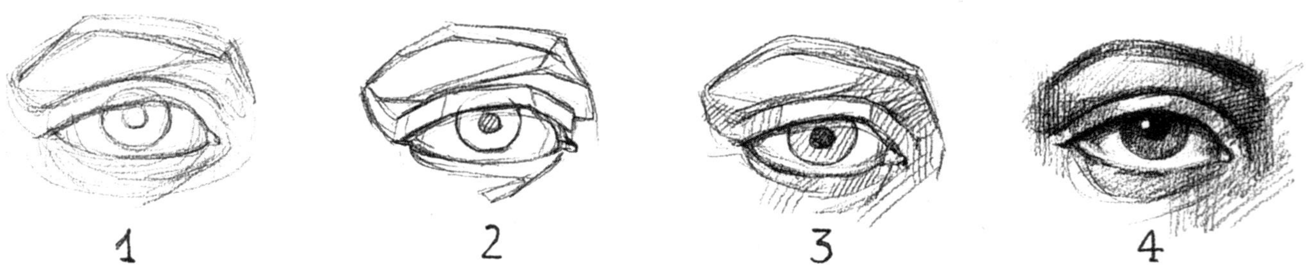

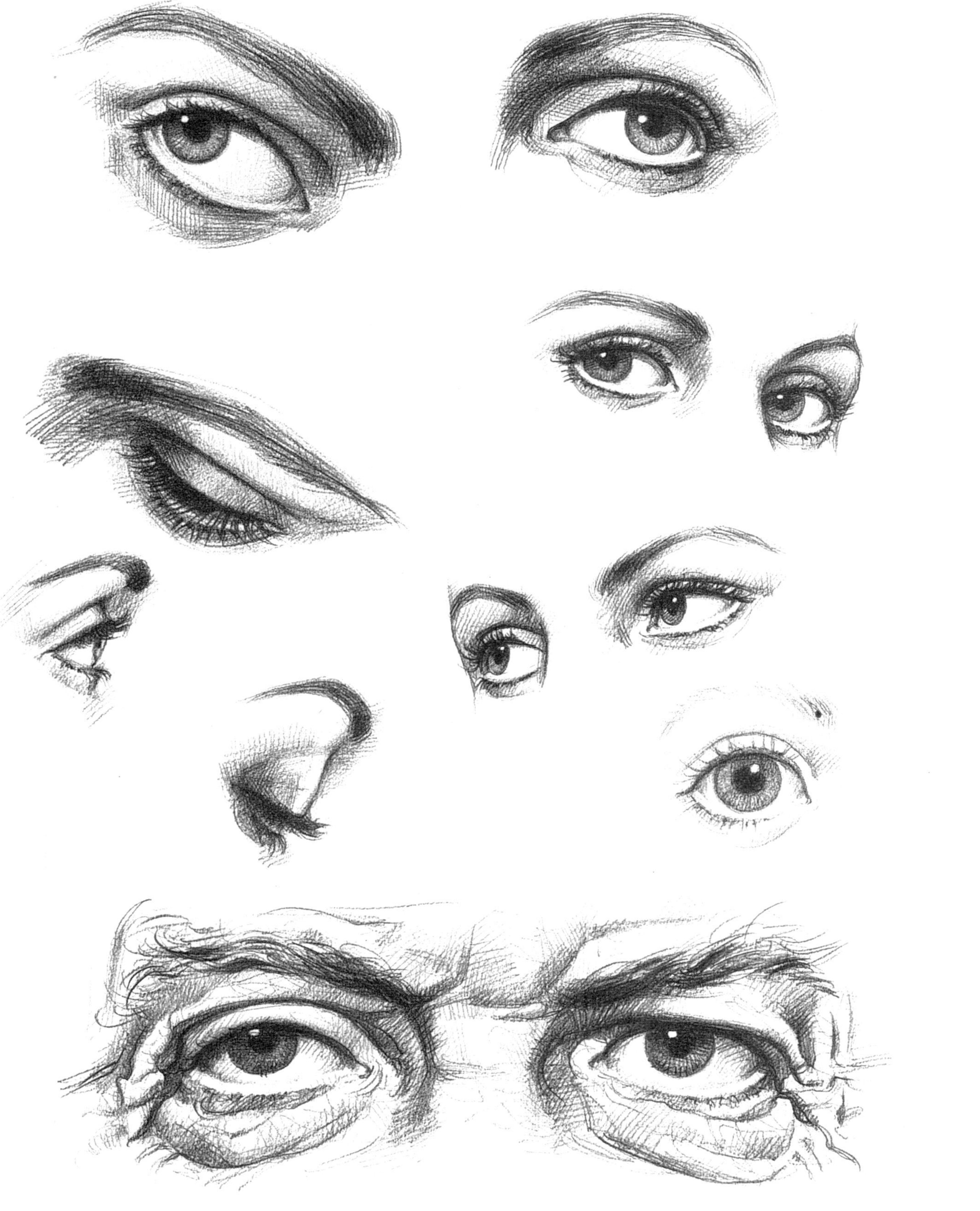

Üben Sie, die Augen in verschiedenen Stellungen und aus verschiedenen Blickwinkeln zu zeichnen, wie ich es hier vorgemacht habe. Das weibliche Auge hat normalerweise lange und geschwungene Wimpern, die Brauen sind ausgeprägt und schmal. Beim Kleinkind erscheint die Iris sehr groß im Verhältnis zu den Lidern.
Bei alten Menschen zeigen sich zahlreiche tiefe Falten, die von den äußeren Augenwinkeln ausgehen und Tränensäcke bilden, die Brauen sind unregelmäßig geschwungen und buschig.

6 Die Einzelteile des Gesichts: Die Ohren

Die Ohrmuscheln bestehen zum großen Teil aus einem dünnen Knorpelgewebe, das den gebogenen äußeren Rand bildet. Auch wenn es hier in der Gestaltung zahlreiche individuelle Abweichungen gibt, so erinnert die Grundform dennoch an eine Muschel oder ein großes C und ist bei den beiden Geschlechtern nicht sehr unterschiedlich. Oft verschwinden die Ohren zum Teil unter den Haaren; ihr Ausdruckswert hängt sehr von der genauen Positionierung an der Seite des Kopfes ab, wovon ich hier ein paar Beispiele gebe.

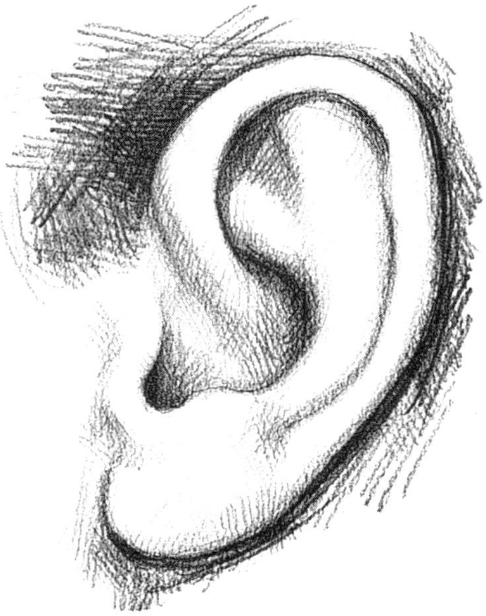

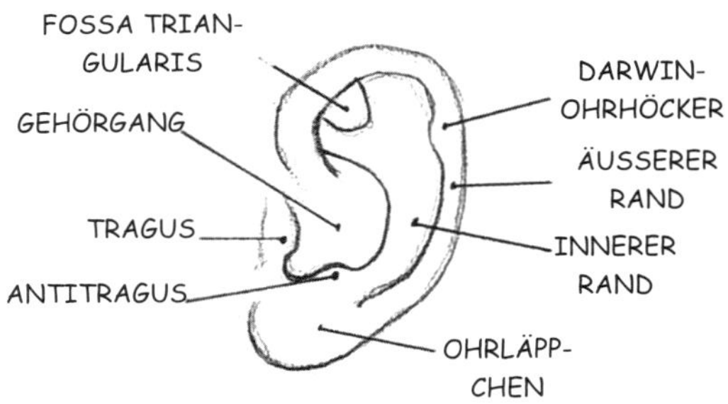

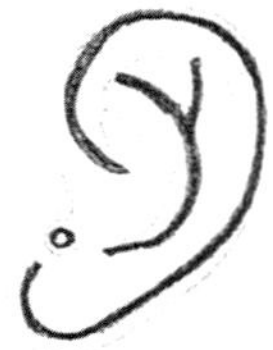

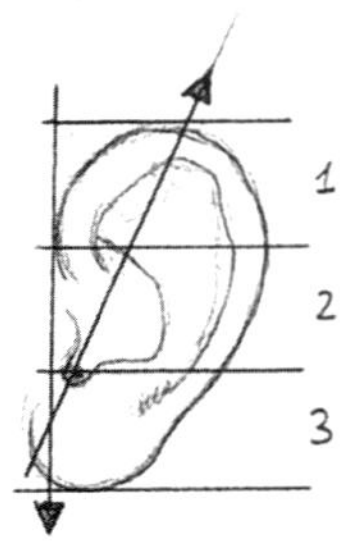

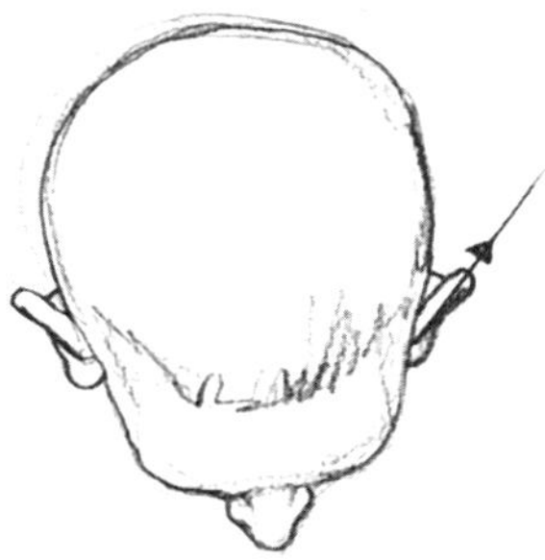

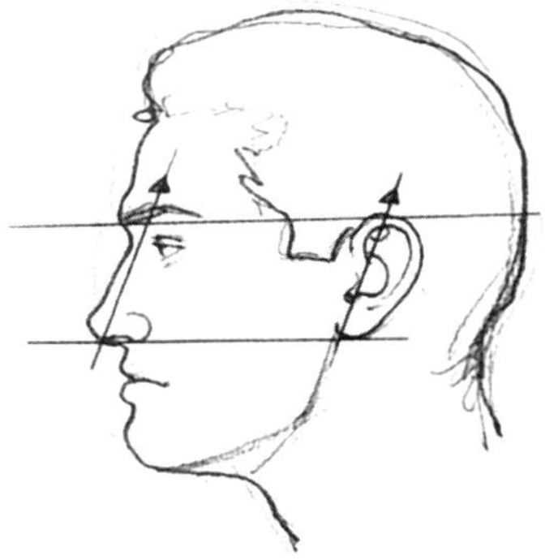

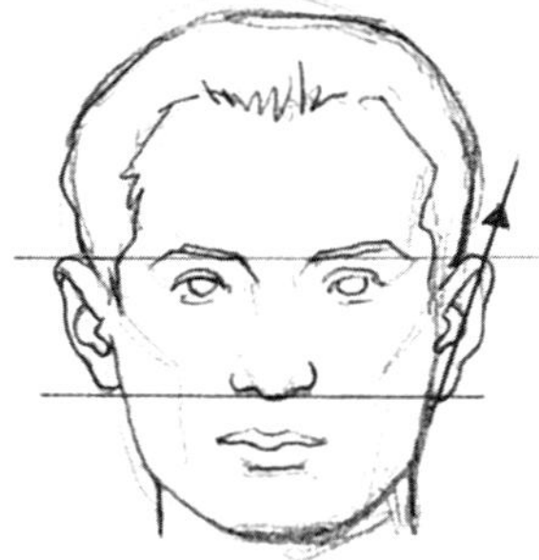

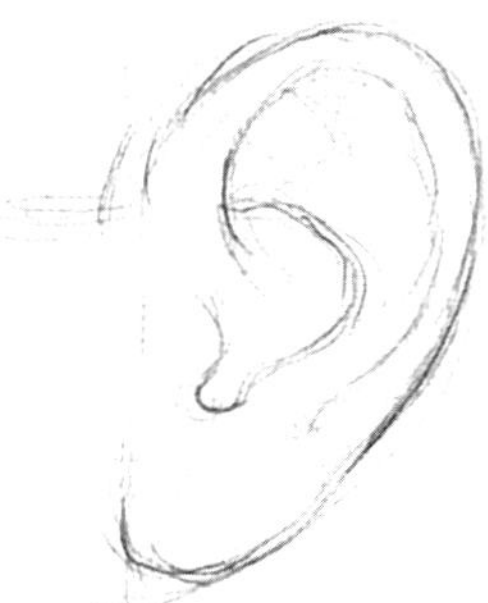

1

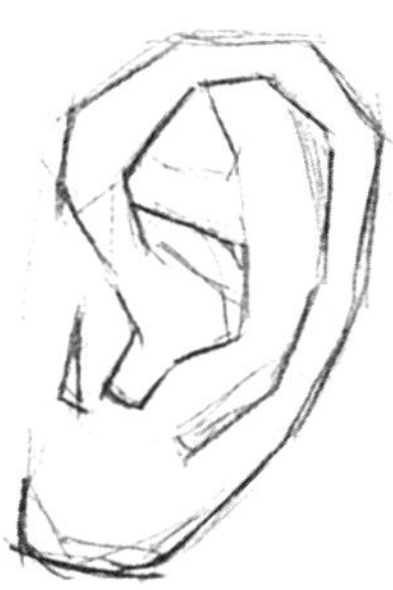

2

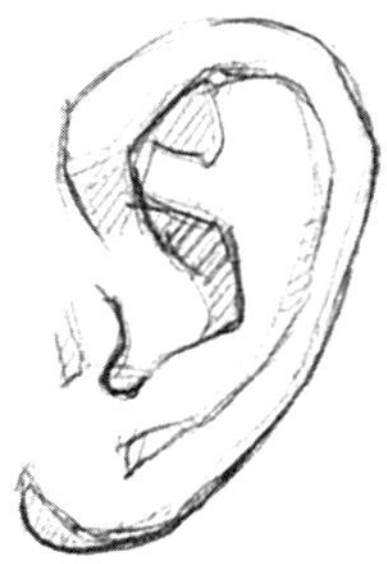

3

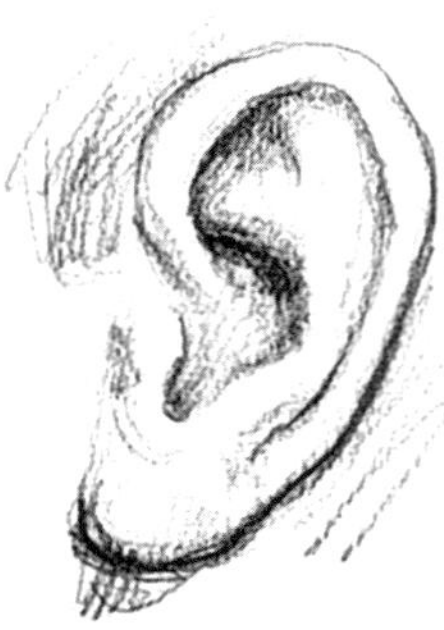

4

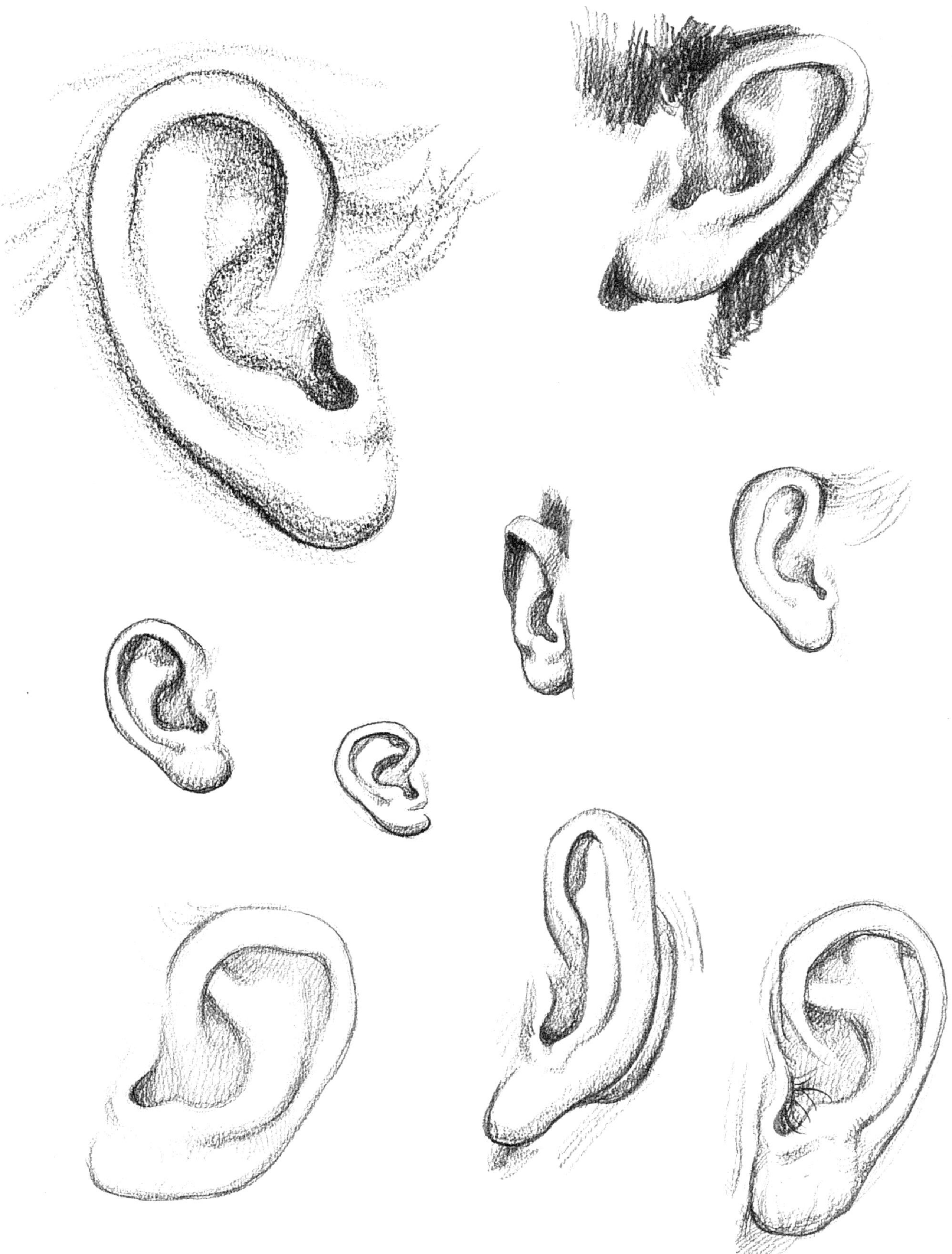

Bei Erwachsenen entspricht die Länge des Ohrs etwa der Nasenlänge; beim Kleinkind wirken die Ohren größer im Vergleich zum Kopf; bei alten Menschen sind sie länger, weil das Knorpelgewebe dünner und schwächer wird.

7 Die Einzelteile des Gesichts: Die Nase

Die Nase ist recht schwierig darzustellen, da sie aus dem Gesicht herausragt und sich deswegen aus den unterschiedlichen Blickwinkeln in unterschiedlicher Verkürzung darbietet. Ihre Pyramidenform rührt zum Teil von den beiden kleinen Knochen des Nasenbeins her, vor allem aber von den Nasenknorpeln, die gleichzeitig ihren Rücken bilden. Studieren Sie die Schemazeichnungen auf diesen beiden Seiten und üben Sie sich zunächst darin, die Nase in unterschiedlichen Ansichten nach Fotografien zu zeichnen, sodass Sie ihren Aufbau besser verstehen lernen. Beachten Sie, dass der Nasenrücken, je mehr er sich von der Wurzel entfernt, umso breiter wird und seine größte Breite an der Nasenspitze erreicht, und dass sich die Seiten zu den Wangen absenken. Die Nasenbasis ist dreieckig und hier öffnen sich die ovalen Nasenlöcher, die zur Spitze hin ein wenig zusammenlaufen und von den Nasenflügeln eingefasst werden. Finden Sie die wichtigsten Licht- und Schattenzonen heraus; der Nasenrücken und die Spitze liegen normalerweise im vollen Licht, im tiefsten Schatten dagegen die Nasenunterseite mit den Löchern. Heben Sie nur diese heraus, damit die Zeichnung nicht zu schwer wird.

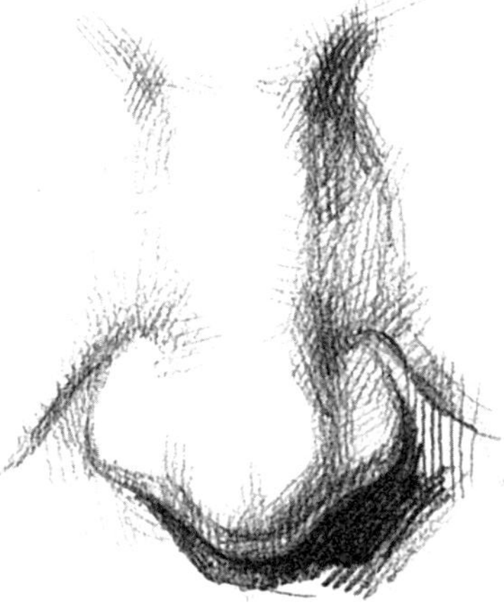

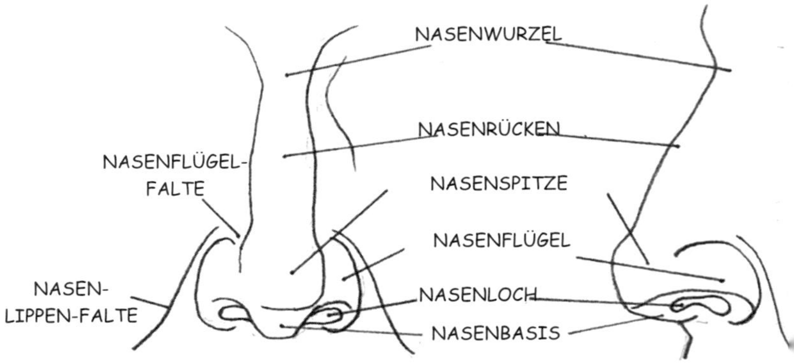

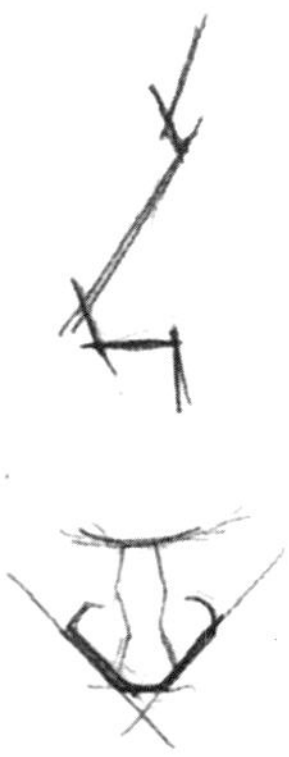

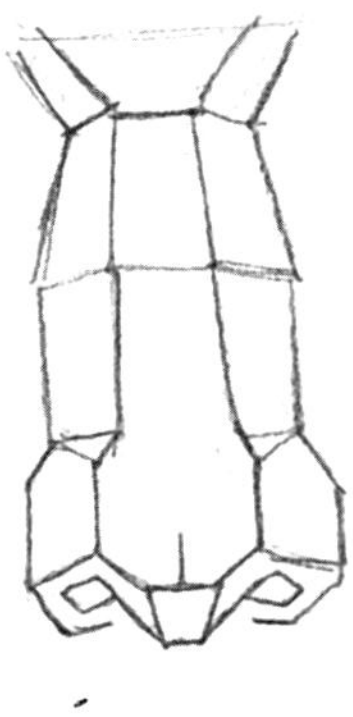

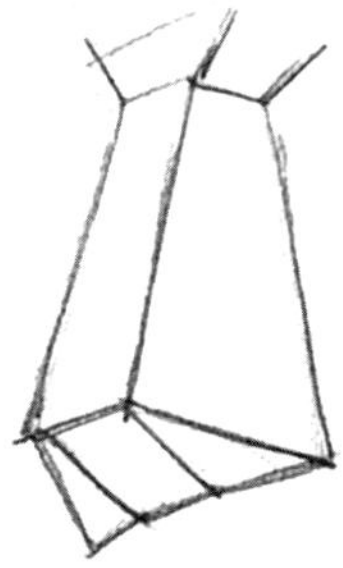

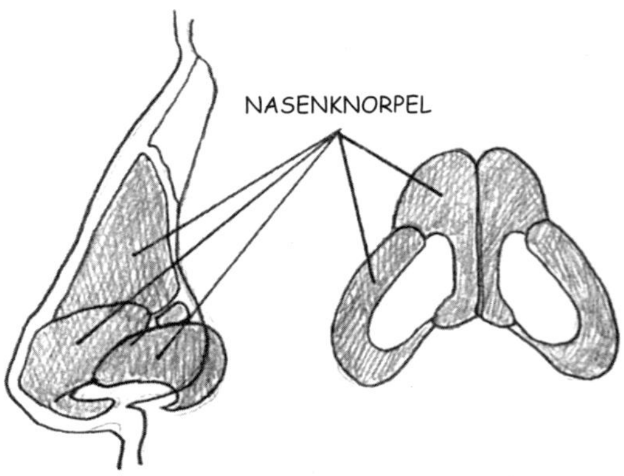

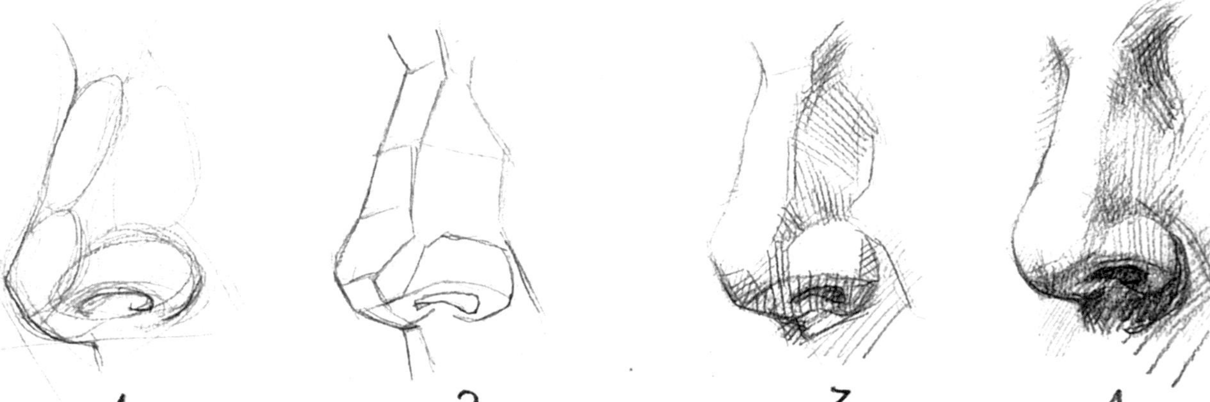

1 2 3 4

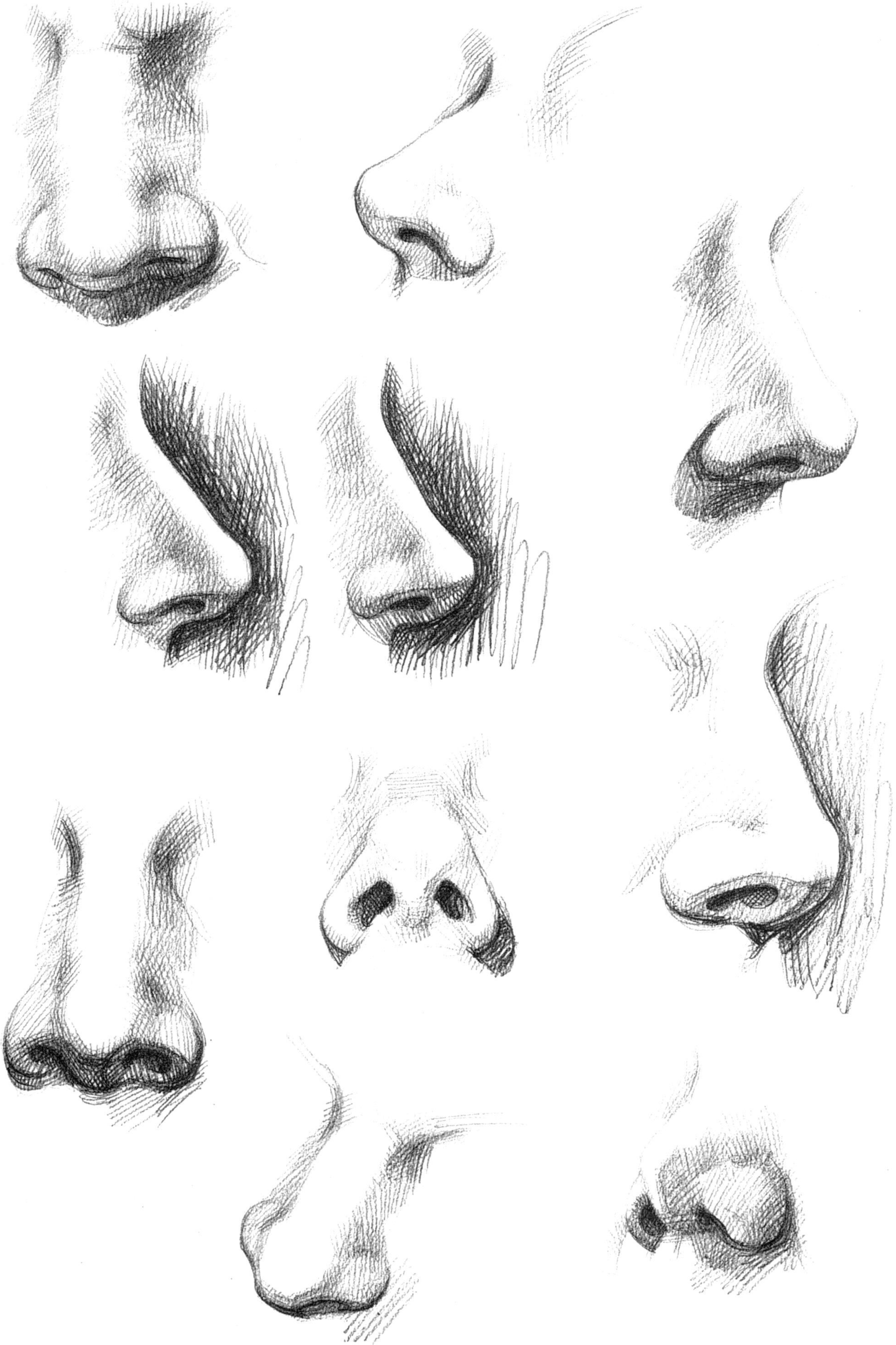

8 Die Einzelteile des Gesichts: Die Lippen

Den größten Ausdruckswert eines Gesichts gleich nach den Augen haben die Lippen. Sie sind rötlich, da Sie eine Übergangszone bilden zwischen der Gesichtshaut und der Schleimhaut im Inneren des Mundes. Beim Zeichnen der Lippen sollten Sie besonders auf die Trennlinie zwischen ihnen achtgeben: Sorgen Sie dafür, dass sie der gebogenen Oberfläche des Kieferknochens folgt und auch die perspektivische Verkürzung stimmig ist. Die Zeichnungen auf dieser Seite zeigen einige grundlegende Eigenheiten der Gestalt der Lippen, so z. B. dass die Oberlippe in der Regel niedriger, aber breiter ist und weiter vorspringt als die Unterlippe.

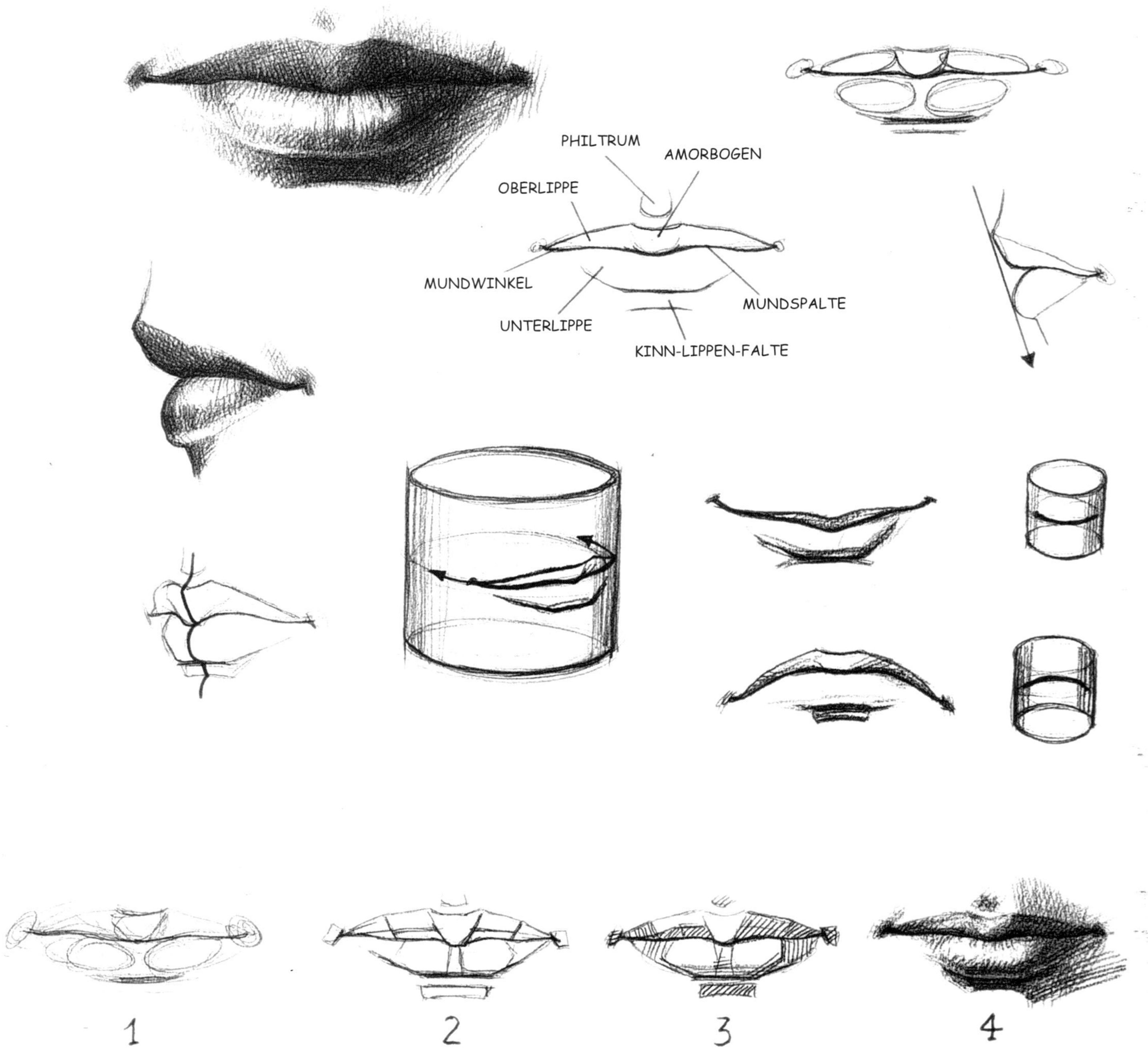

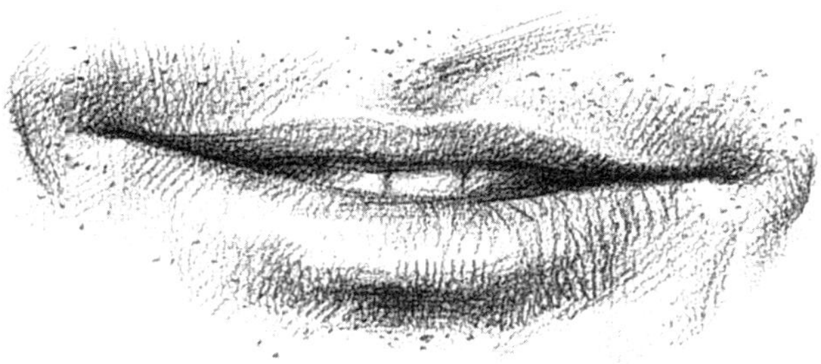

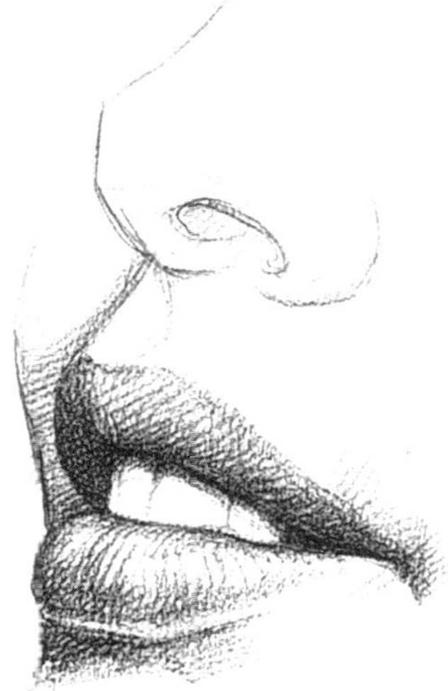

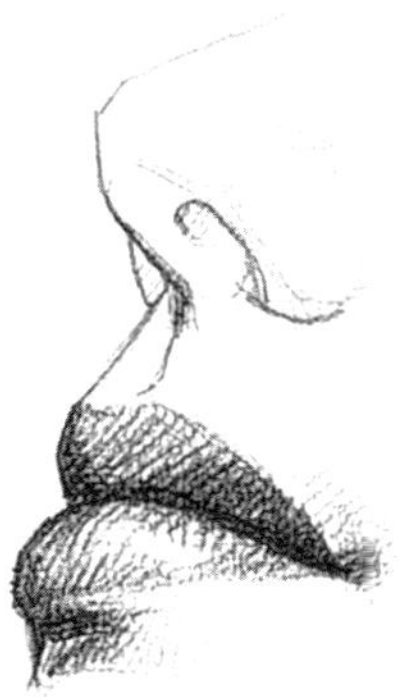

Auf dieser Seite habe ich die Lippen in verschiedenen Formen des Lächelns gezeigt, wie sie gewöhnlich auf Porträts wiedergegeben werden. Die Zähne sollten nur oberflächlich angegeben werden, ohne besonders ins Detail zu gehen. Bei alten Personen sind die Lippen meist dünner und von vielen senkrechten Falten durchzogen, wie auf dem Bild unten rechtszu sehen ist.

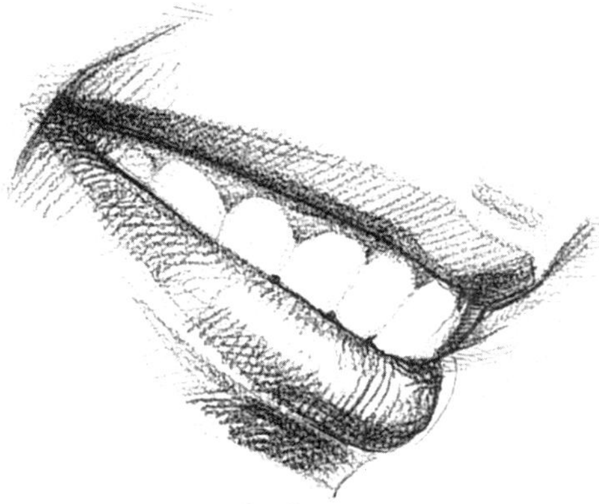

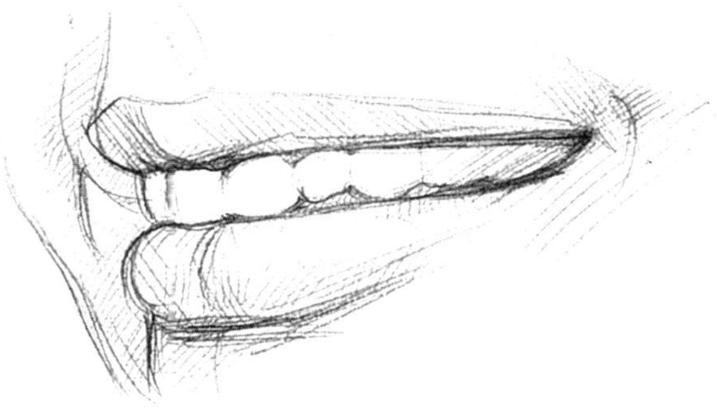

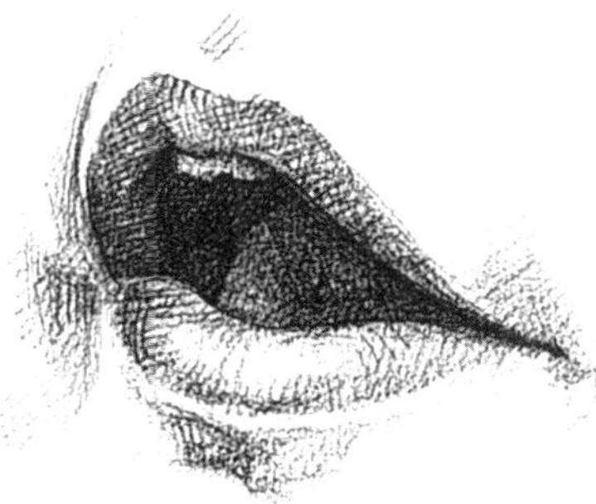

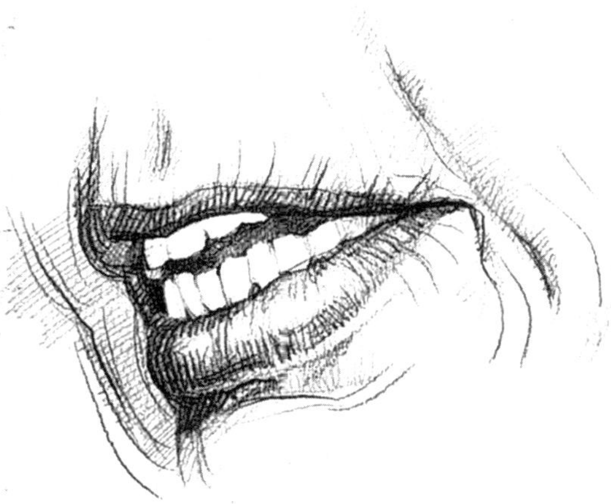

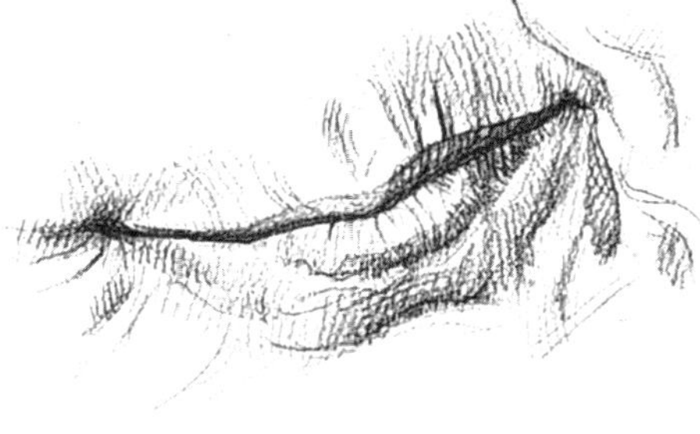

9 Die Komposition eines Porträts

Die Komposition besteht in der Anordnung der wesentlichen Elemente des Bildes auf dem Malgrund, in unserem Falle einem Blatt Zeichenpapier. Es gibt, mit Ausnahme des berühmten Goldenen Schnitts dafür keine festen Regeln, sondern nur allgemeine Grundsätze, die unserer optischen Wahrnehmung entsprechen, wie zum Beispiel die Einheit, der Kontrast oder das Gleichgewicht. Beim Porträt müssen wir einige Entscheidungen direkt zu Beginn treffen: Ob wir die ganze Figur oder nur das Gesicht zeichnen wollen, und im letzteren Fall, ob in Vorderansicht, im Profil oder im Dreiviertelprofil; und ob wir das Modell in einem Interieur oder vor einer Landschaft abbilden oder ob wir es vor neutralem Hintergrund isolieren; wir müssen die Größe und das Format unseres Blattes wählen. Sie sollten sich angewöhnen, wie ich bereits empfohlen habe, vorher zahlreiche kleine Skizzen anzufertigen, mit deren Hilfe Sie diese Probleme abschätzen können. Meine Kommentare zu den folgenden Skizzen können Ihnen zu Anfang Ihre Entscheidungen erleichtern. Aber Sie sollten sich auf keinen Fall von traditionellen Formeln und Stereotypen einengen lassen, sondern auch mit eigenen und unkonventionellen Arten der Komposition experimentieren.

1
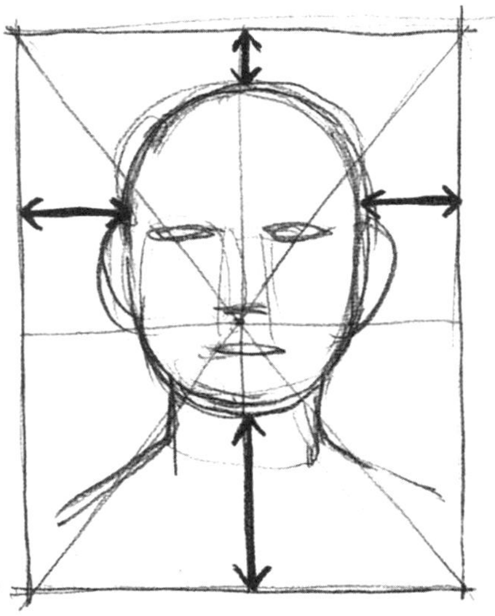

2
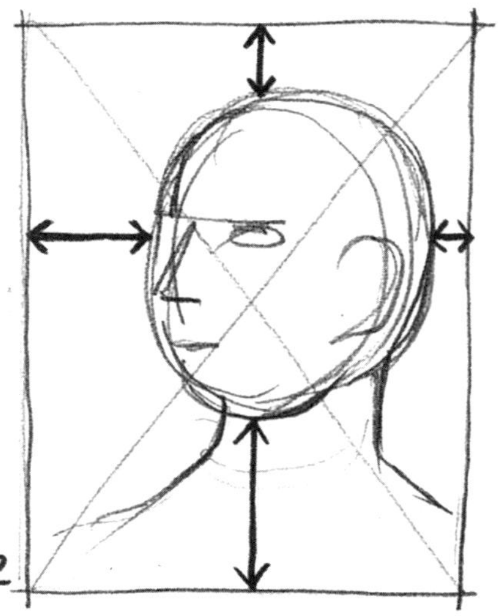

3
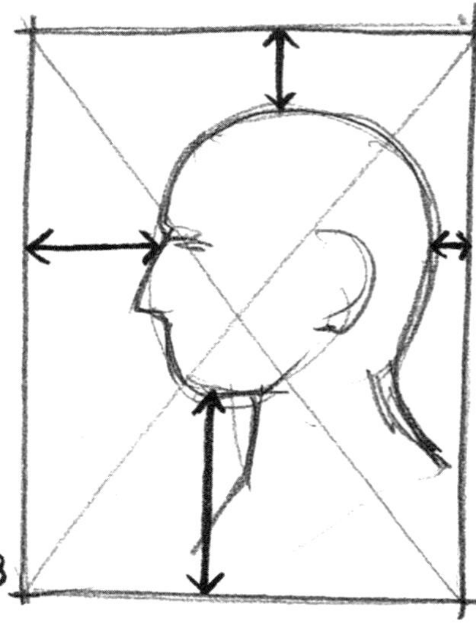

4
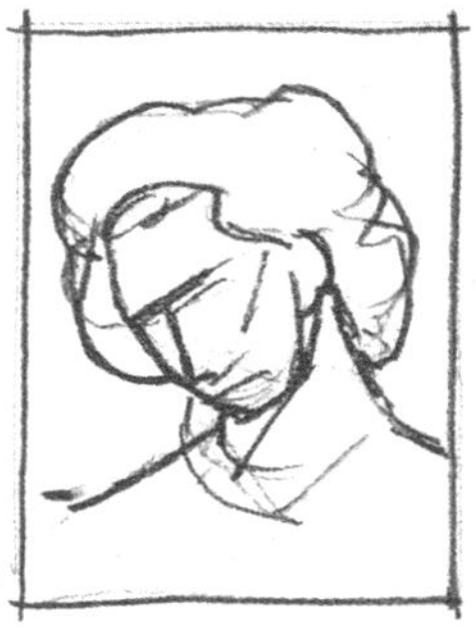

5
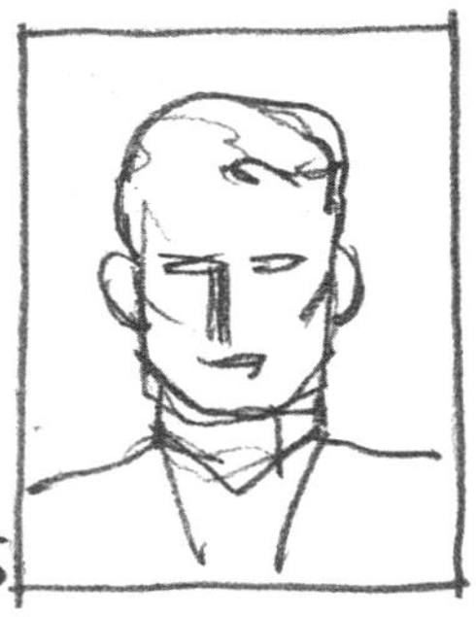

6
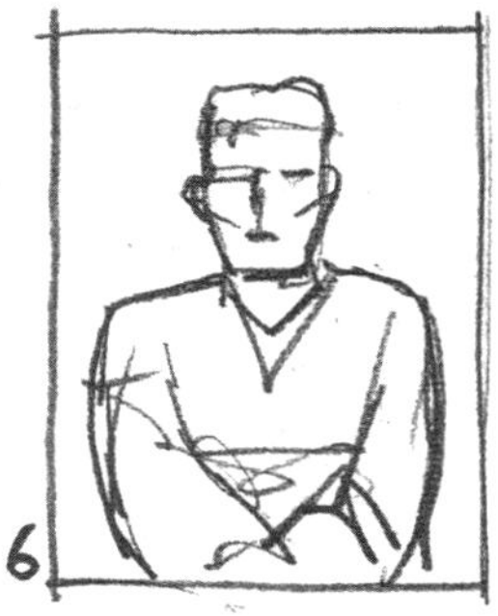

7
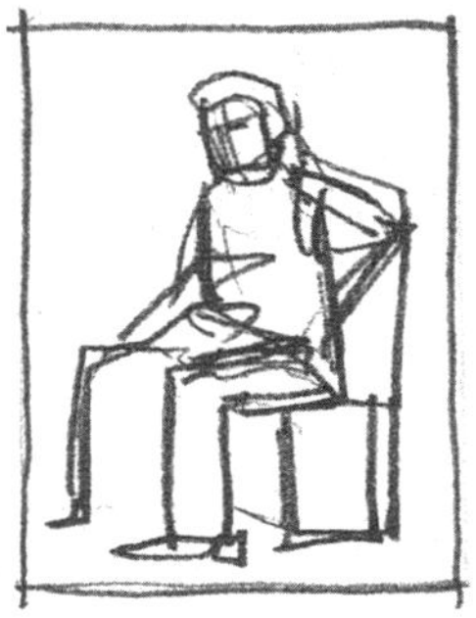

8
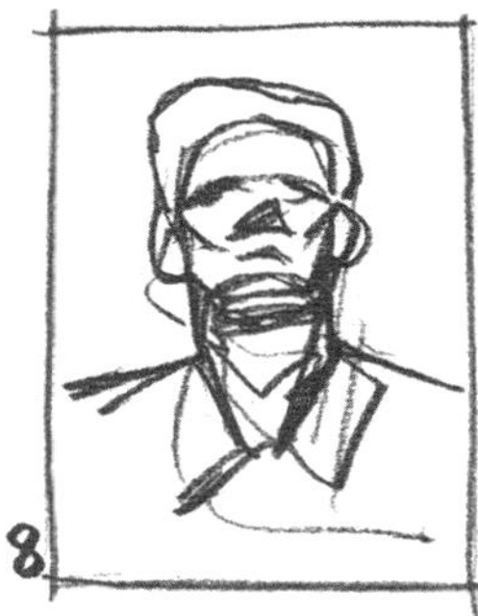

9
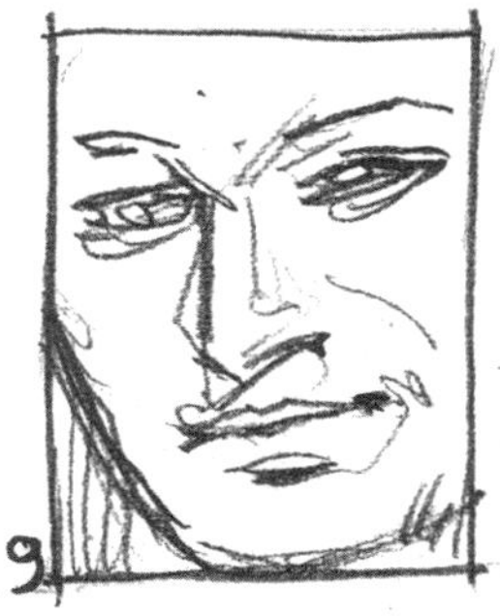

1. Bei der Vorderansicht sollte sich der Kopf nicht genau in der Mitte des Blattes befinden, sondern ein wenig nach oben verschoben, aber nicht zu sehr zum Blattrand. Lassen Sie seitlich jeweils etwa gleich viel Luft.

2. Bei der Dreiviertelansicht sollten Sie vor dem Kopf mehr Raum lassen als dahinter.

3. In der Profilansicht ist es sehr wirkungsvoll, vor dem Kopf viel Raum zu lassen, aber ohne dass der Hinterkopf an den Blattrand stößt oder gar abgeschnitten wird.

4. Ein geneigter Kopf kann niedergeschlagen wirken.

5–7. Ein Porträt in Vorderansicht und als Vordergrund kann Kraft und Selbstsicherheit ausstrahlen.

8. Eine Person in Unteransicht kann einen brutalen und autoritären Eindruck vermitteln und sollte deswegen auf einem Porträt vermieden werden.

9. Einen ungewohnten und sehr eindrucksvollen Effekt erreicht man, wenn das Gesicht die gesamte Bildfläche ausfüllt.

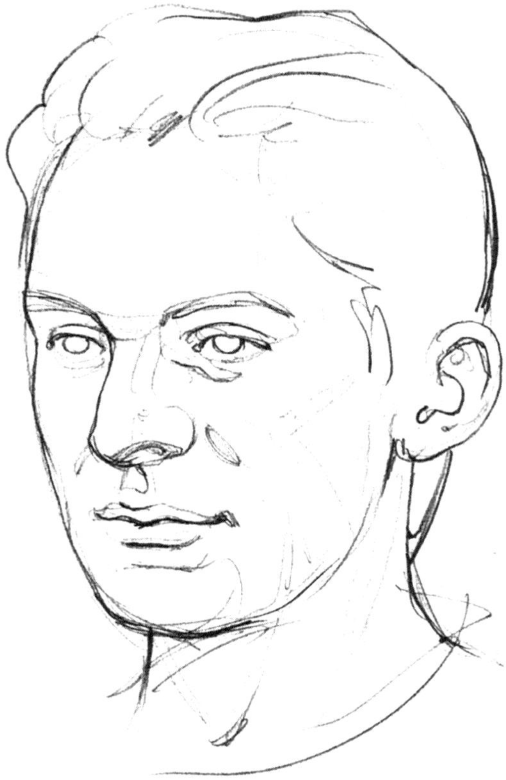

Wenn man nach der Natur porträtiert, sollte man zunächst das Modell aufmerksam studieren, indem man es in verschiedenen Positionen und aus verschiedenen Blickwinkeln zeichnet. So kann man den besten Eindruck von seiner körperlichen Erscheinung gewinnen und diejenige Ansicht und Pose finden, die am besten und wirkungsvollsten die Züge und den Charakter des Dargestellten ausdrücken.

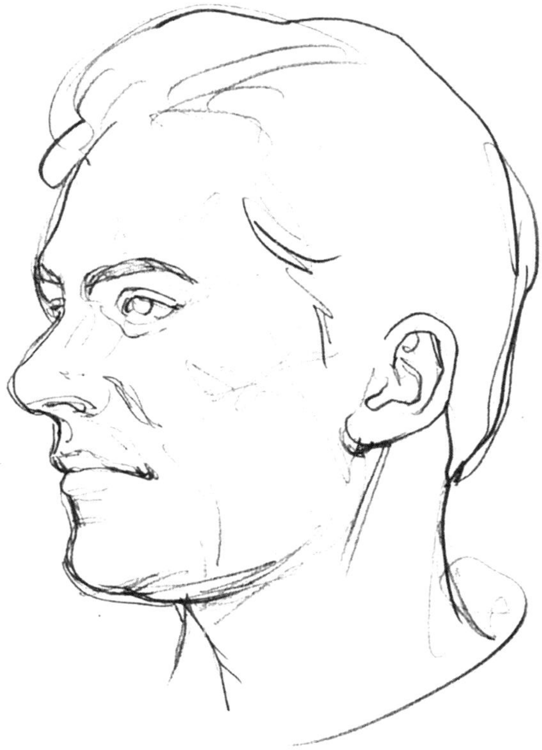

2

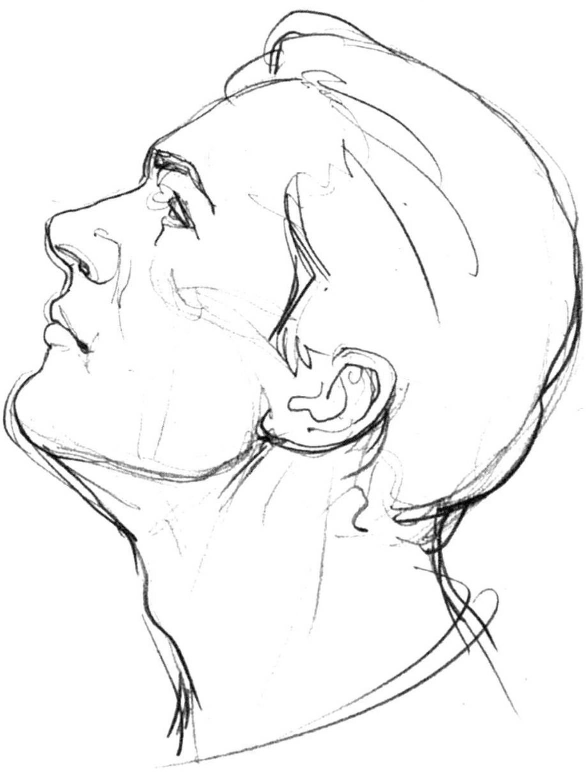

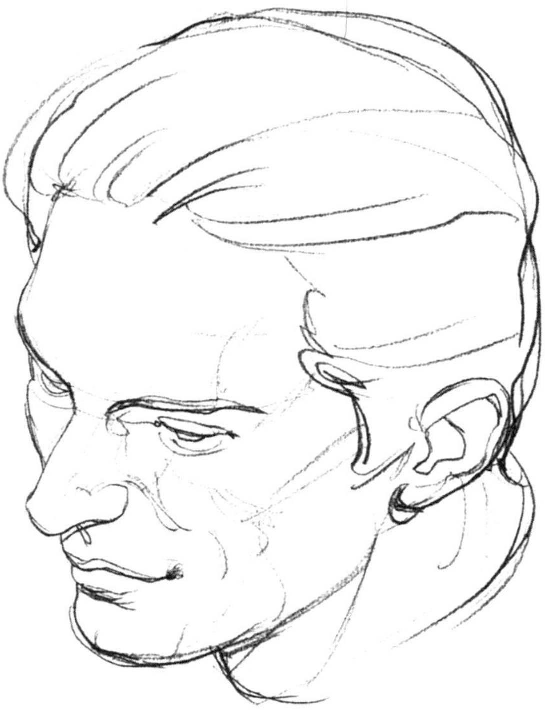

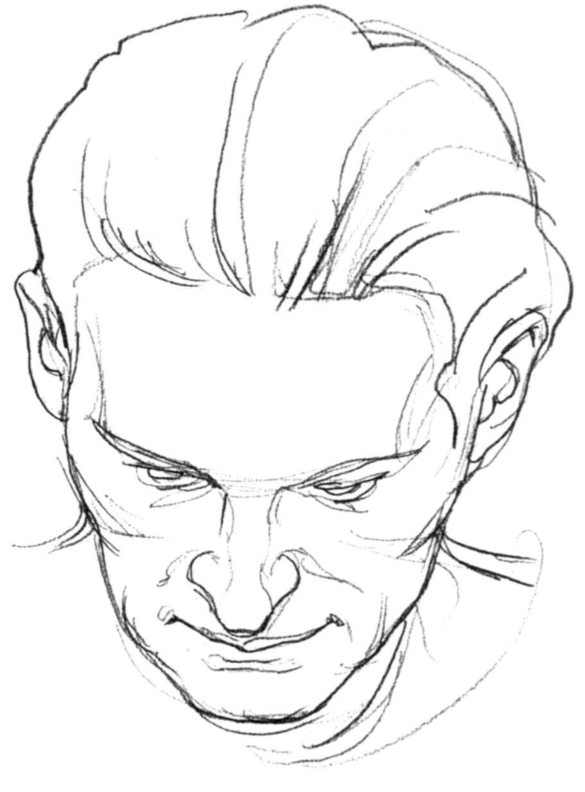

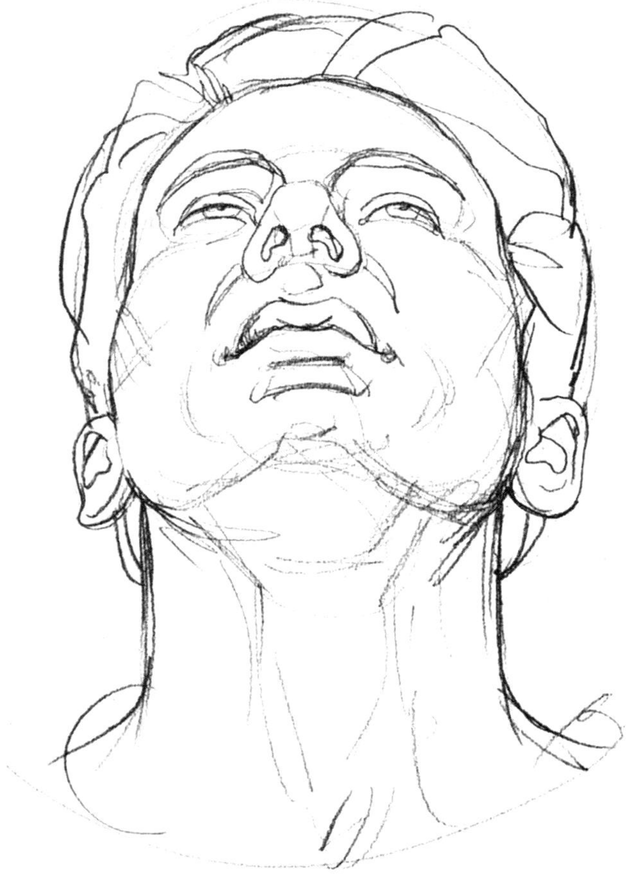

Um in Ruhe zu arbeiten, können Sie zu Anfang auch nach Fotografien zeichnen, aber das Arbeiten nach der Natur ist ohne Zweifel nützlicher. Es erlaubt Ihnen außerdem, verschiedene und ungewohnte Arten der Komposition auszuprobieren, indem Sie sozusagen um das Modell herumgehen, um alle ausdrucksmäßigen Nuancen und vor allem seine Gesamterscheinung zu erfassen, die so entscheidend ist für den richtigen Grad der Ähnlichkeit. Führen Sie diese Studien mit einfachem und sauberem Strich aus und heben Sie eher den Aufbau des Kopfes heraus als Hell-Dunkel-Effekte.

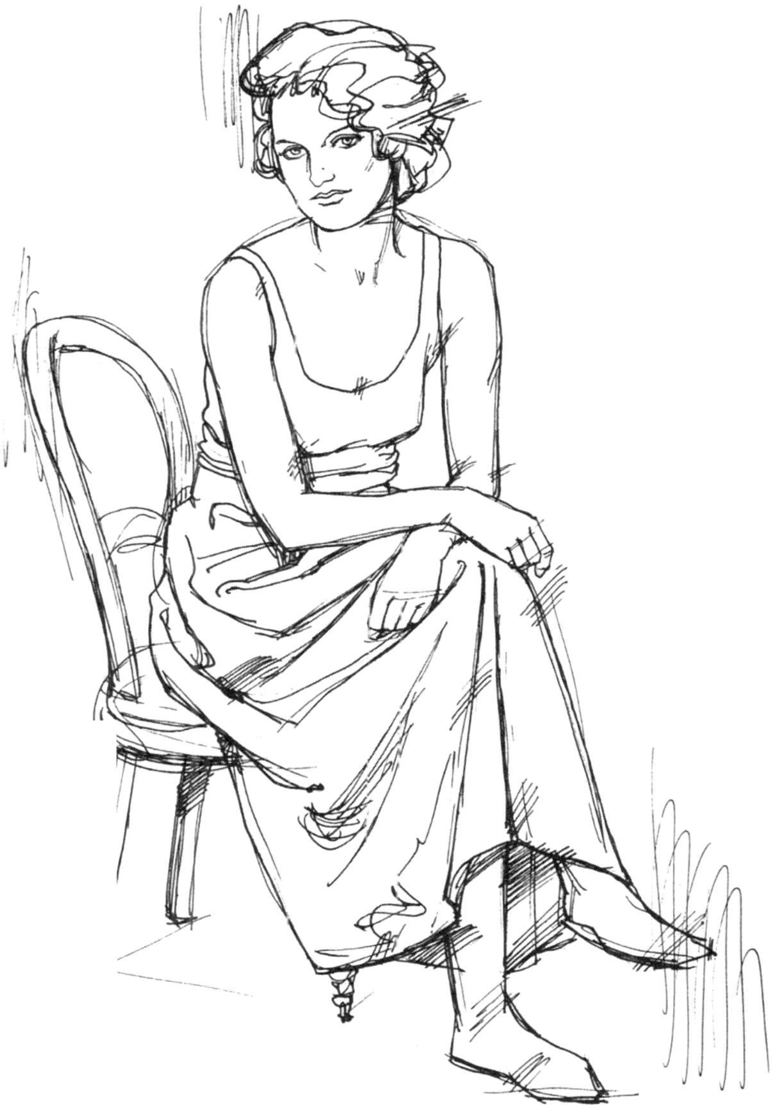

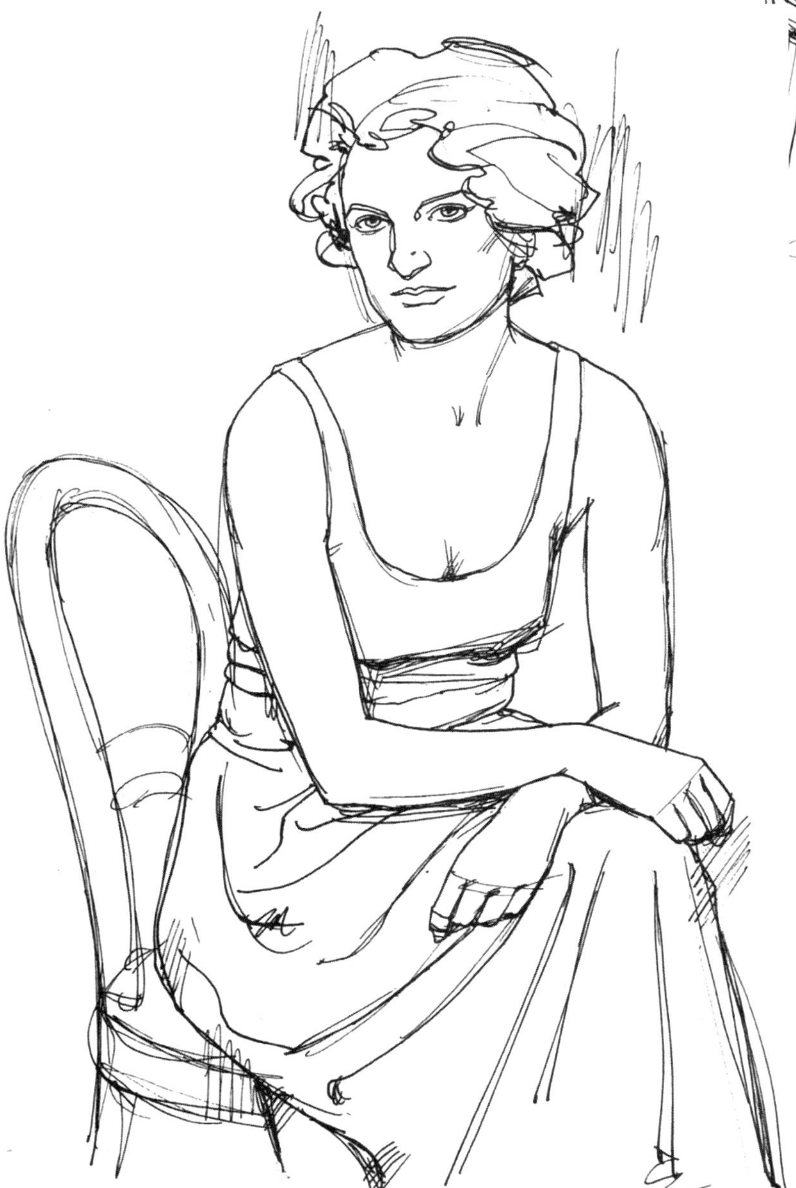

Die Überlegungen der vorhergehenden Seiten gelten auch für das Ganzkörperporträt. Hier sehen Sie einige meiner Studien mit Feder und Tusche für ein Porträt, das ich dann später in Öl ausgeführt habe. Dafür wurde schließlich die Komposition und die Pose auf S. 29 verwendet.

Beim Porträt der gesamten Figur kommt neben dem Gesicht auch den Händen eine große Bedeutung zu, und man sollte mit Bedacht die passendste Haltung sowohl für den angestrebten Ausdruck wie für die Gesamtkomposition wählen. Diese versuchte ich mit den beiden Zeichnungen auf dieser Seite zu finden.

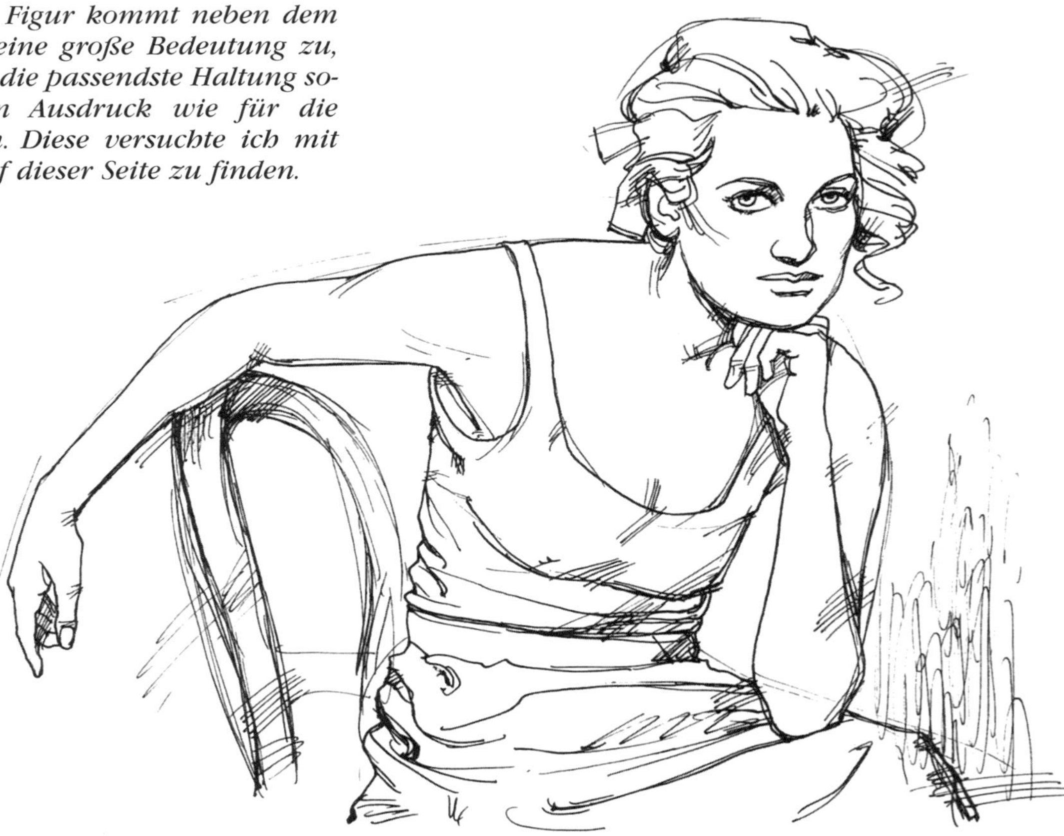

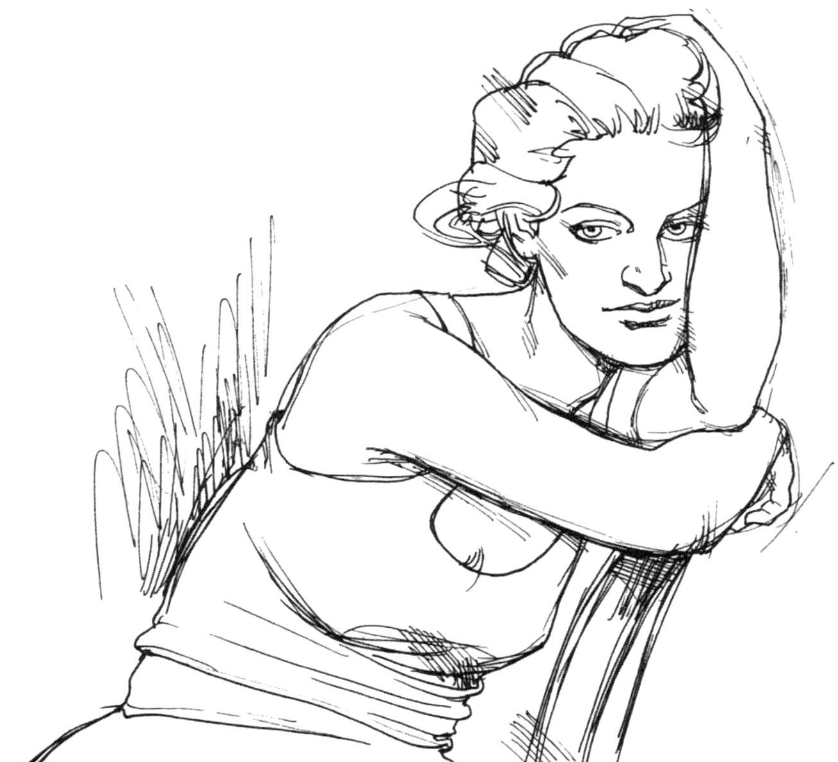

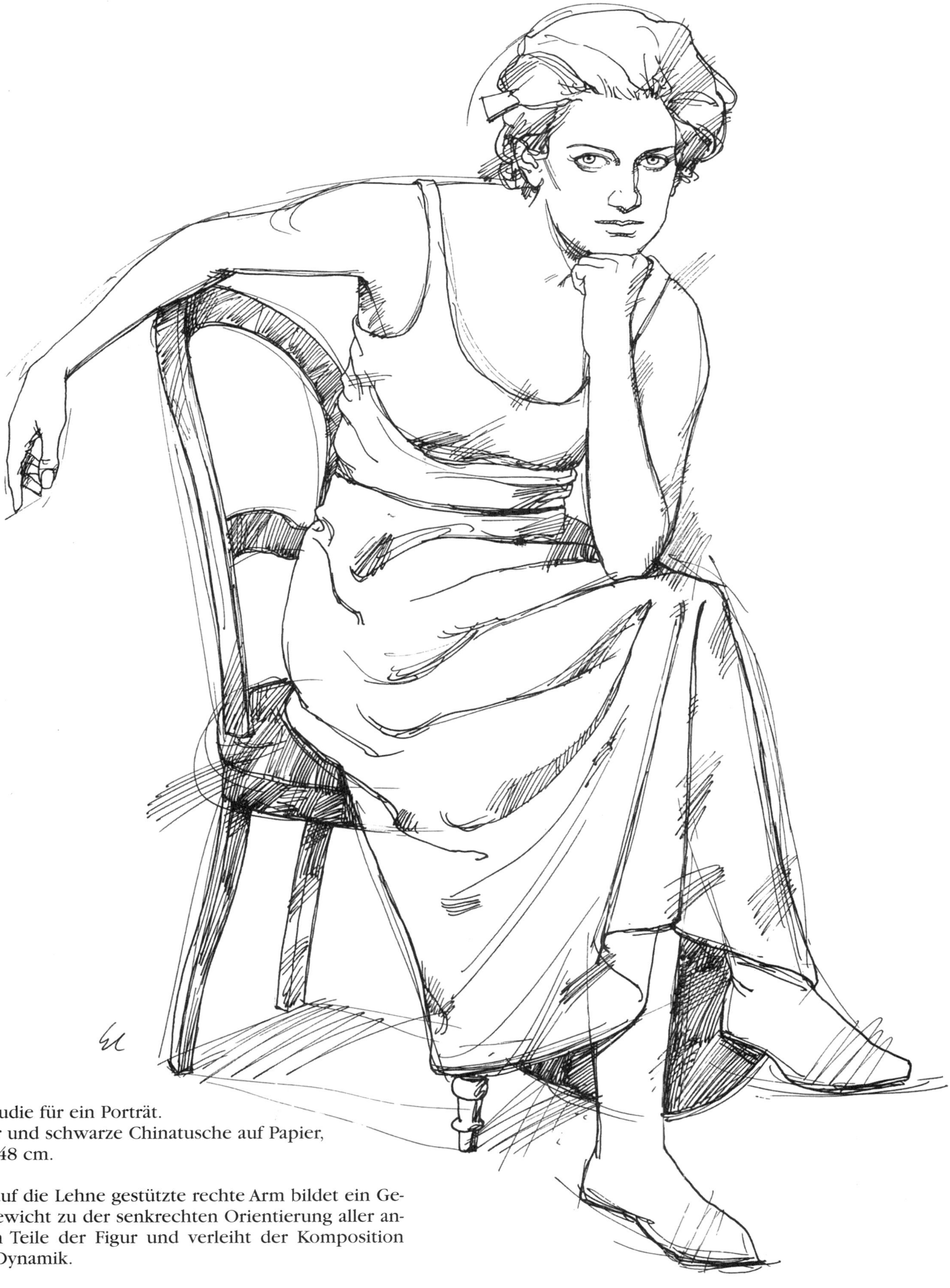

Vorstudie für ein Porträt.
Feder und schwarze Chinatusche auf Papier,
33 x 48 cm.

Der auf die Lehne gestützte rechte Arm bildet ein Gegengewicht zu der senkrechten Orientierung aller anderen Teile der Figur und verleiht der Komposition ihre Dynamik.

10 Die Beleuchtung

Bei der Porträtzeichnung ist die Richtung, die Qualität und die Intensität der verwendeten Beleuchtung äußerst wichtig, weil das plastische Volumen eines Kopfes gerade durch die Mittel von Licht und Schatten in der Zeichnung erst zur Geltung kommt. Normalerweise benutzt man für ein Porträt eine künstliche Lichtquelle, die in ihrer Helligkeit konstant und leicht zu regeln ist, anstelle des in dieser Hinsicht unkalkulierbaren Sonnenlichts. Eine gute Ausleuchtung soll die physiognomischen Eigenheiten des Sujets so gut wie möglich herausstellen. Dazu darf die Lichtquelle weder zu hell noch zu nah am Modell platziert sein. Das Licht sollte eher leicht streuen und keine harten Schatten werfen, vor allem nicht unter der Nase, den Lippen und den Augen.
Die folgenden Fotografien sind an einer Plastik aufgenommen, die ich vor Kurzem gefertigt habe, sie zeigen Beispiele für übertriebene und ungewöhnliche Arten von Beleuchtung, die aber sehr gut die positiven wie negativen Effekte verdeutlichen können, die sie auf dem Gesicht hervorrufen. Die am besten geeignete Beleuchtung für ein Porträt ist auf jeden Fall das Vorder-Seiten-Licht, das leicht von oben kommt. Um das Licht zu streuen, können Sie vor der Lichtquelle eine leicht mattierte Glasscheibe montieren oder sich der Techniken bedienen, die man in der Fotografie verwendet.

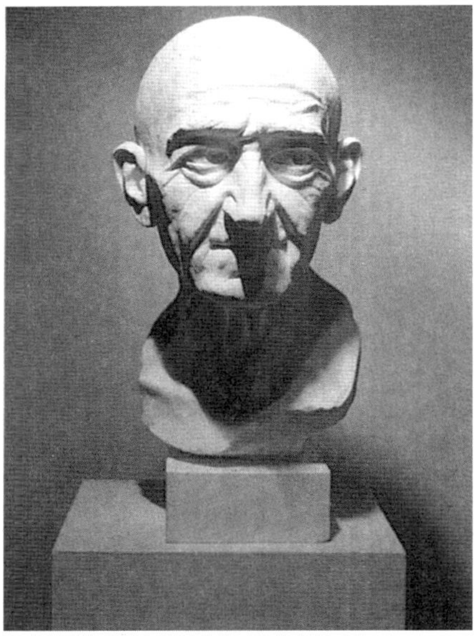

Oberlicht: Es ist sehr wirkungsvoll, aber man muss aufpassen, dass es keine allzu tiefen Schatten unter den Brauenbögen, der Nase und dem Kinn ergibt. Das Streiflicht kann die Erhebungen und Vertiefungen der Haut übertreiben.

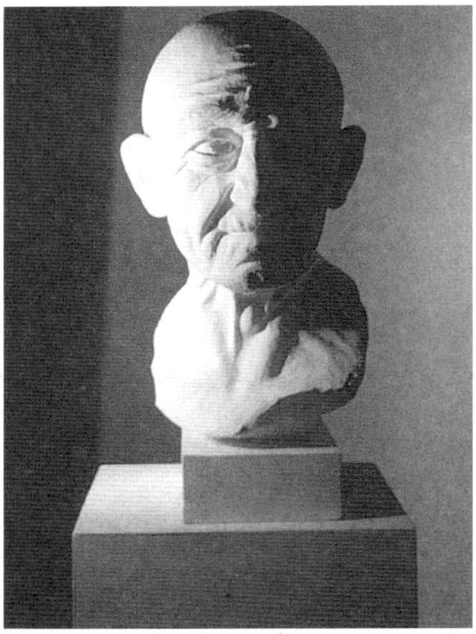

Seitenlicht: Für das Porträt ungeeignet, da es den Kopf in eine helle und eine dunkle Hälfte zerschneidet. Manchmal kann man es benutzen, um die Plastizität besonders zu betonen.

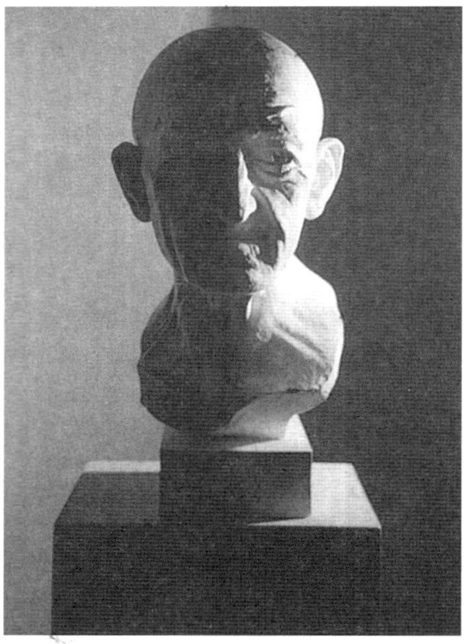

Fast-Gegenlicht: Auch „Schlaglicht“ genannt; es eignet sich nicht für das Porträt, weil so die Züge des Modells kaum noch erkennbar sind. Als Silhouette im Gegenlicht kann man dagegen das Porträt im Profil abbilden.

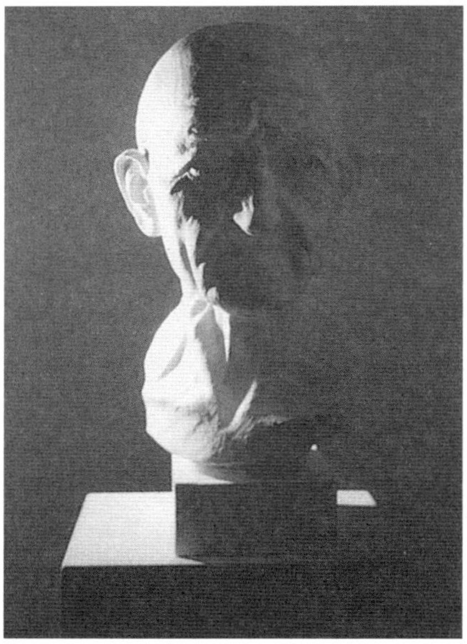

Gegen-Seiten-Licht: Für das Porträt ungeeignet, da es große Teile des Gesichts in tiefe Schatten taucht. Es kann aber für die Profildarstellung benutzt werden. Beachten Sie einen Kunstgriff für die Zeichnung: Der dunkle Teil des Gesichts hebt sich gegen den hellen Hintergrund ab, der helle Teil dagegen erscheint vor einem dunklen Hintergrund.

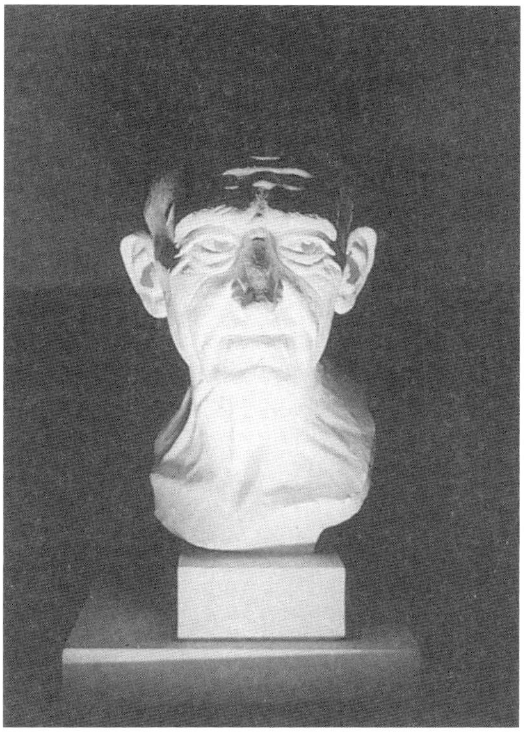

Unterlicht:
Eine sehr dramatische, aus dem Theater bekannte Beleuchtung, die man so gut wie nie für das Porträt benutzt, da sie die Gesichtszüge stark verzerrt und verfremdet.

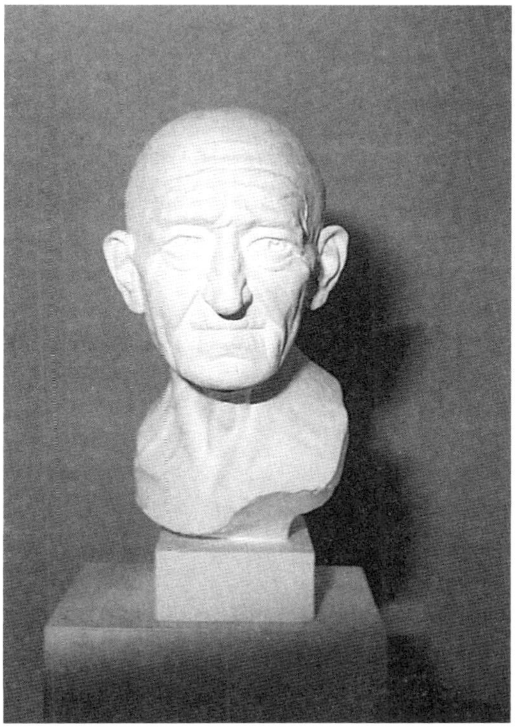

Vorderlicht:
Sehr einfach, aber diese Beleuchtung verflacht das Gesichtsrelief. Sie eignet sich für ein lineares und dekoratives Porträt.

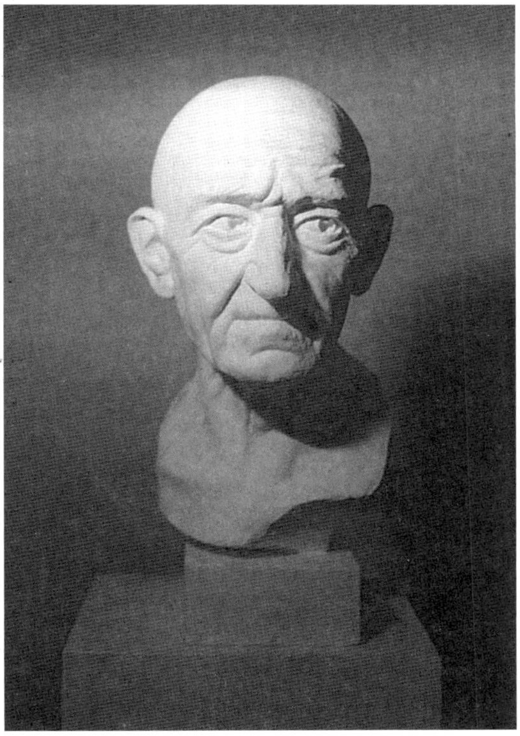

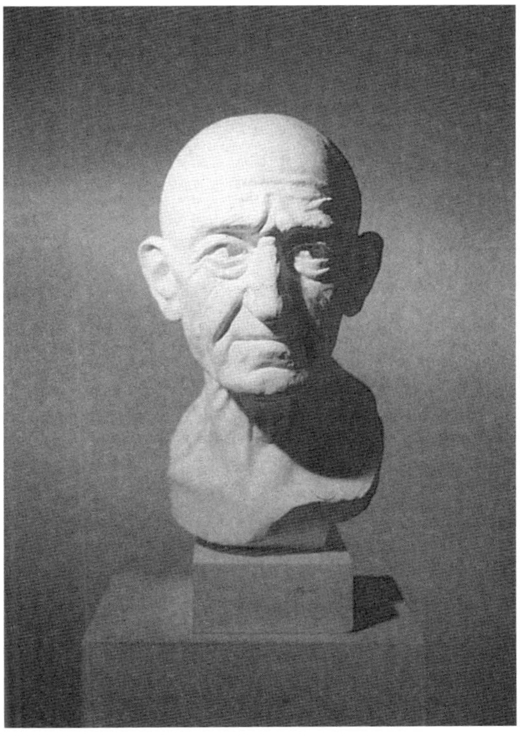

Ober-Seiten-Licht:
Diese Beleuchtung wird am häufigsten für das Porträt verwendet, weil sie gleichermaßen die physiognomischen Eigenheiten und das plastische Volumen des Gesichts heraushebt. Die beiden Aufnahmen unterscheiden sich leicht im Winkel und in der Entfernung der Lichtquelle.

11 Das Vorgehen

In diesem Abschnitt habe ich die aufeinanderfolgenden Phasen aufgeführt und mit Beispielen illustriert, die vom ersten Strich zum fertigen Porträt führen. Dieses Vorgehen mag pedantisch erscheinen, aber es ist hilfreich, zumindest am Beginn der künstlerischen Praxis. Wenn Sie sich die wesentlichen Schritte zu eigen gemacht haben, die ein Gesicht in der Zeichnung ausmachen, wird es Ihnen nicht schwerfallen, ohne große Überlegung vom ersten Umriss zur ausgearbeiteten Zeichnung fortzuschreiten und die für Sie am besten geeignete Methode herauszufinden.
Ich empfehle Ihnen, an Fotografien und lebenden Modellen zu üben und herauszufinden, auf welche Weise sich in jeder Phase ein besonderes Problem stellt und lösen lässt, und wie Sie am Ende dieses schichtweisen Vorgehens zu der korrekten Zeichnung eines Kopfes gelangen, zumindest unter äußeren Gesichtspunkten. Benutzen Sie weißes Zeichenpapier nicht unter 30 x 40 cm und Bleistifte unterschiedlicher Gradation wie angegeben.

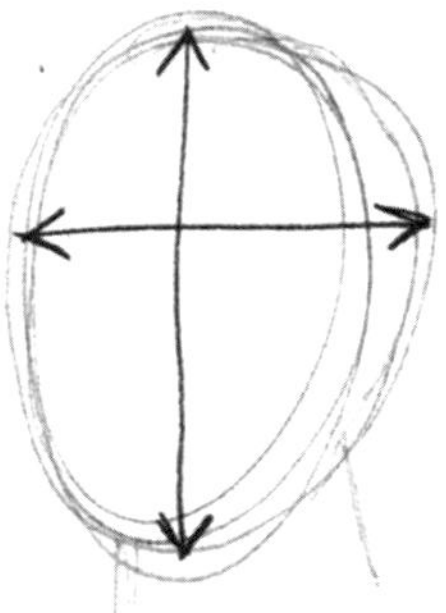

Phase 1
Betrachten Sie möglichst genau das Modell und bestimmen Sie das Verhältnis von größter Länge zu größter Breite. Dazu suchen Sie die jeweils herausragenden Punkte der horizontalen und vertikalen Erstreckung auf. Zeichnen Sie die ovale Umrisslinie des Kopfes und geben Sie unter Beachtung der Perspektive die Mittelinie an, die im Dreiviertelprofil gebogen ist, sowie die horizontalen Unterteilungen (S. 13). In diesem Beispiel bezeichnen Sie die Ebenen des Haaransatzes, der Brauen, der Augen, des Nasenbasis und der Lippenspalte. Benutzen Sie einen eher harten Bleistift (H), der das Blatt nicht verschmutzt, und zeichnen Sie die Linien mit leichtem und flüssigem Strich.

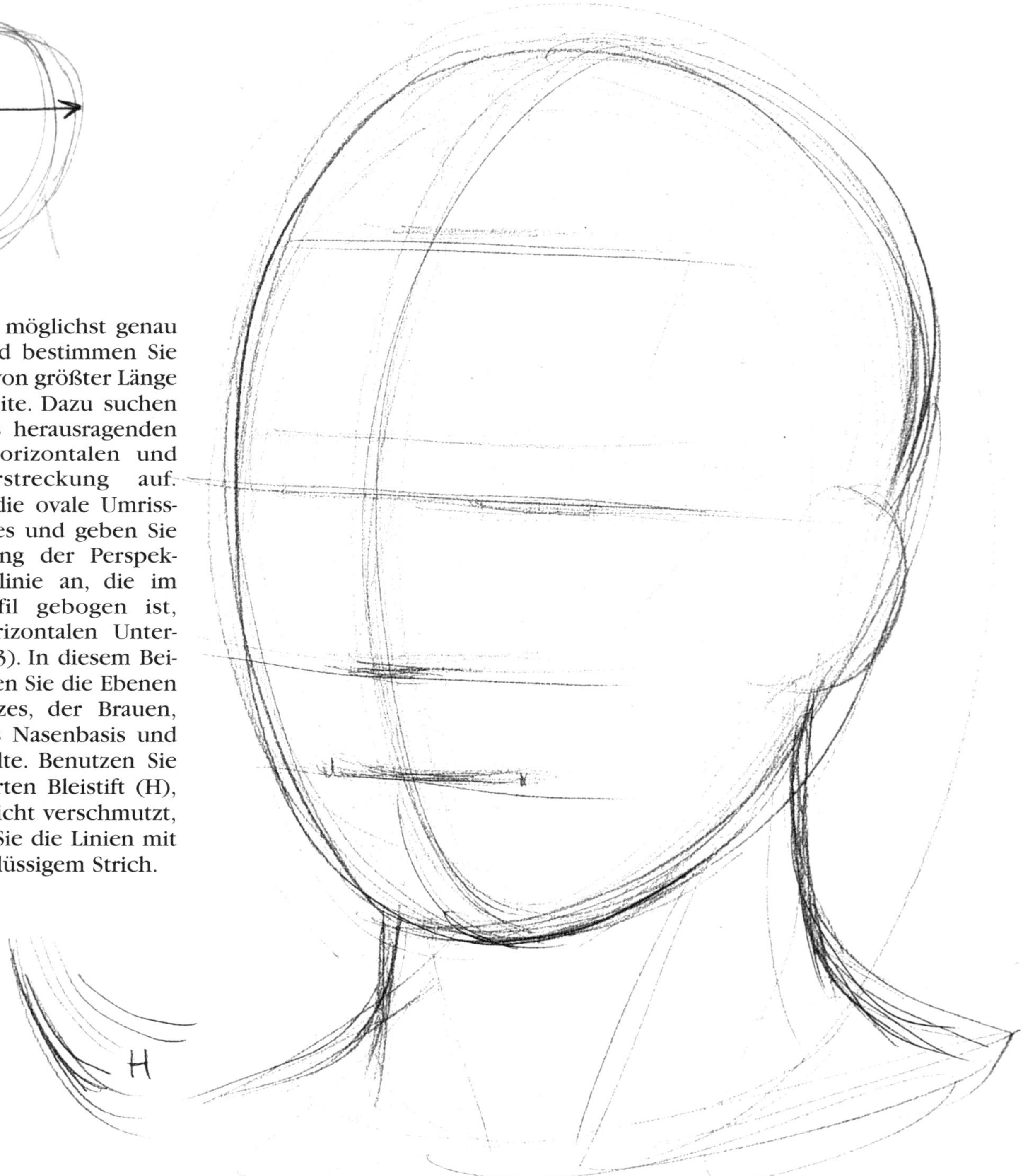

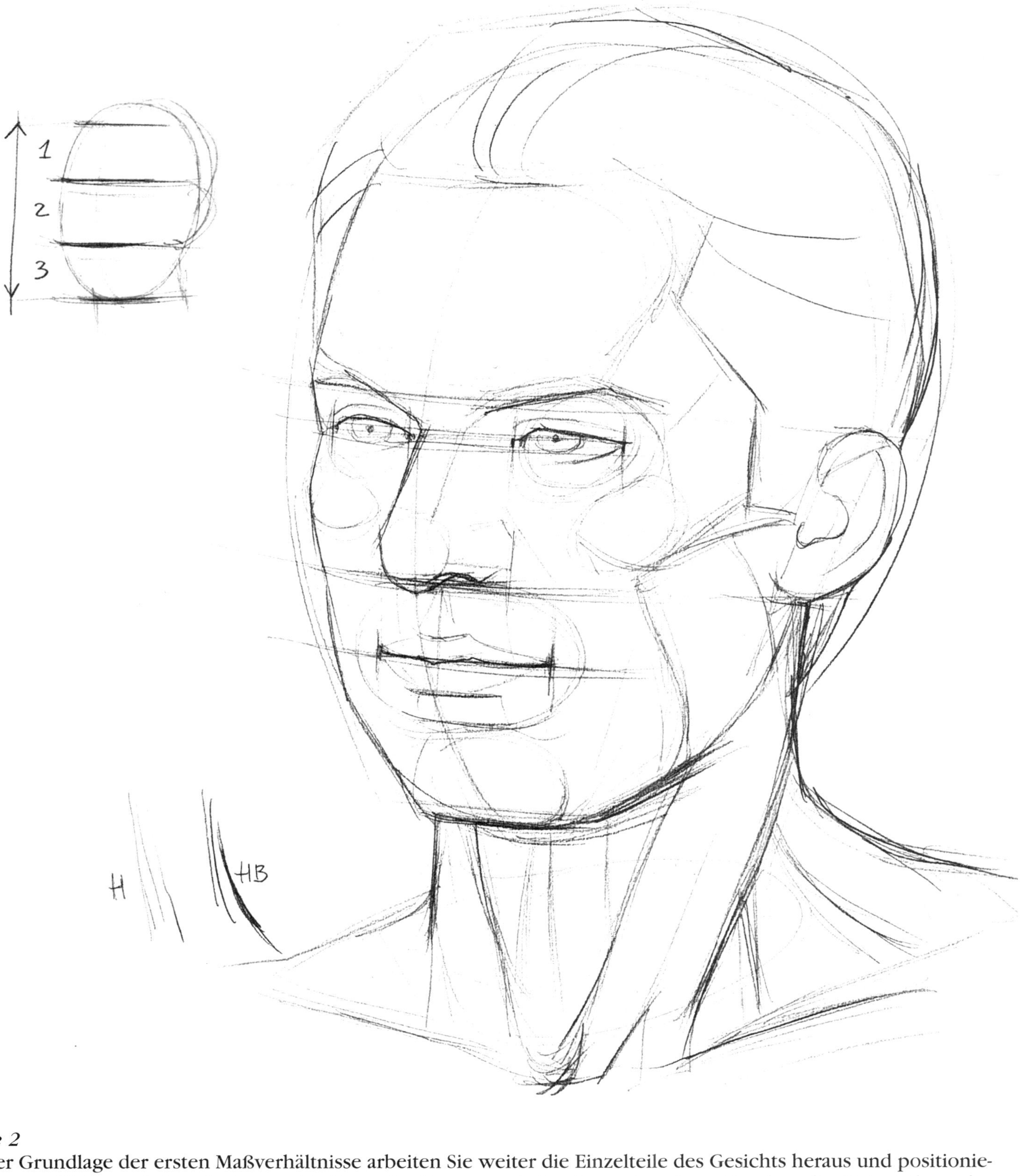

Phase 2

Auf der Grundlage der ersten Maßverhältnisse arbeiten Sie weiter die Einzelteile des Gesichts heraus und positionieren sie sorgfältig, zunächst die Augen, die Nase, die Lippen und die Ohren. Beachten Sie, dass die Unterteilung des Gesichts in drei Abschnitte nur eine Annäherung ist und dass Sie bei jedem Individuum seine jeweils eigenen Proportionsverhältnisse herausfinden und abbilden müssen, um die Ähnlichkeit zu erzielen. Diese Phase ist sehr wichtig, weil sie die Grundlage für die weitere Entwicklung der Zeichnung bildet. Bemühen Sie sich auch, die wesentlichen anatomischen Strukturen zu erkennen und sie anzudeuten wie die Knochen direkt unter der Haut und die Muskeln der Oberfläche: Hier habe ich zum Beispiel die Konturen der Jochbeine und des Stirnbeins hervorgehoben, die Ringmuskeln um den Mund, die Kaumuskeln und den Halswender. Benutzen Sie weiterhin mit leichtem Strich einen Stift der Gradation H oder HB, wenn Sie ihn etwas weicher wollen.

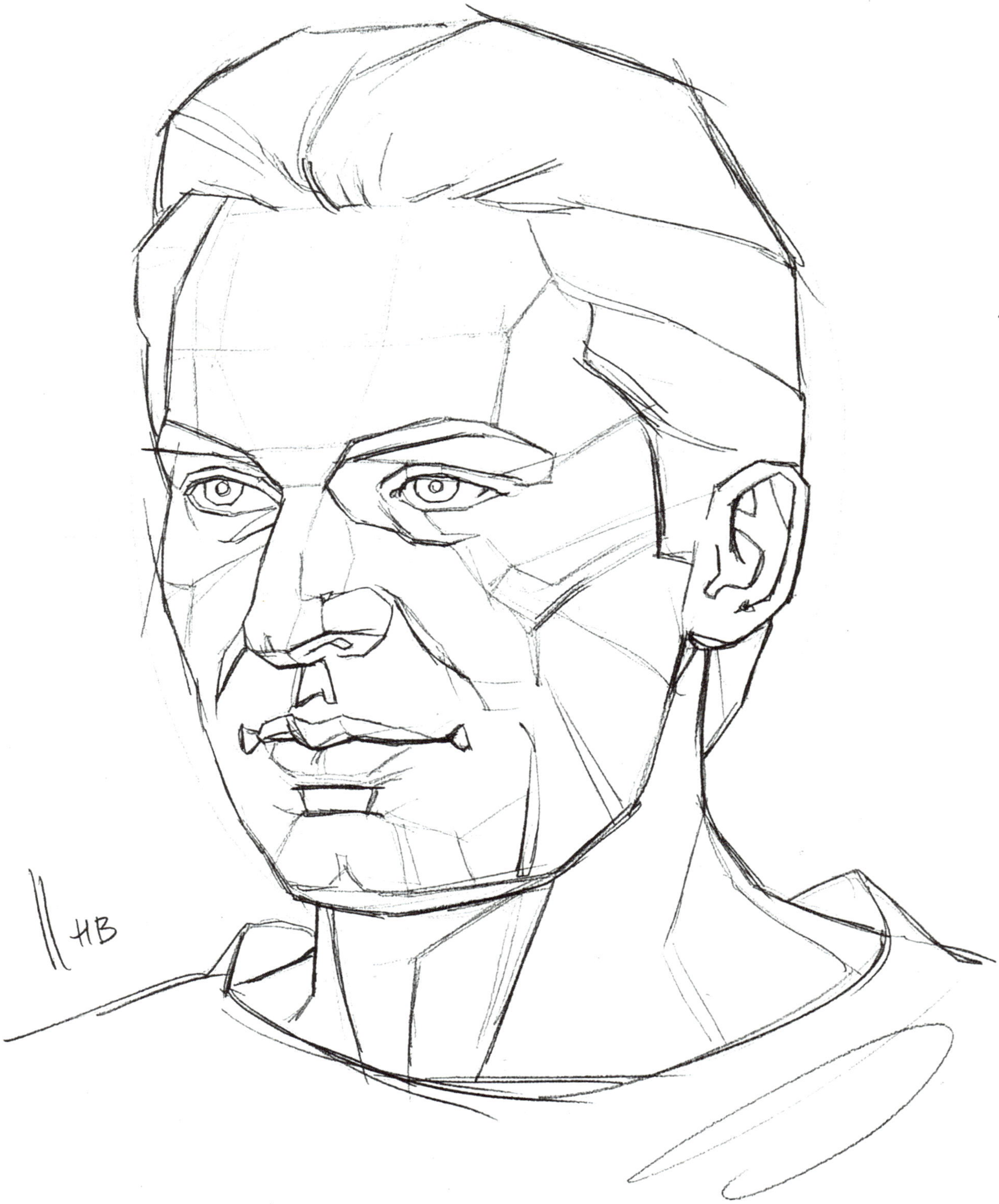

Phase 3
Sie sollten sich auf die einzelnen Ebenen konzentrieren, aus denen die Oberfläche des Kopfes aufgebaut ist, da sie manchmal fast unmerklich unterschiedlich im Licht liegen. Es handelt sich darum, diejenigen Licht- und Schattenzonen voneinander abzugrenzen, die in ihrem Gesamteindruck zu einem geschlossenen Aufbau des Kopfes von eigenem plastischem Volumen beitragen. Tragen Sie hier die Linien nicht zu scharf auf, um eine zu harte, kantige Erscheinung zu vermeiden; aber dennoch kann im Hinblick auf die nachfolgende Phase eine gewisse Präzision die Verteilung der Schattierung erleichtern. Nehmen Sie einen Bleistift mittlerer Gradation wie HB.

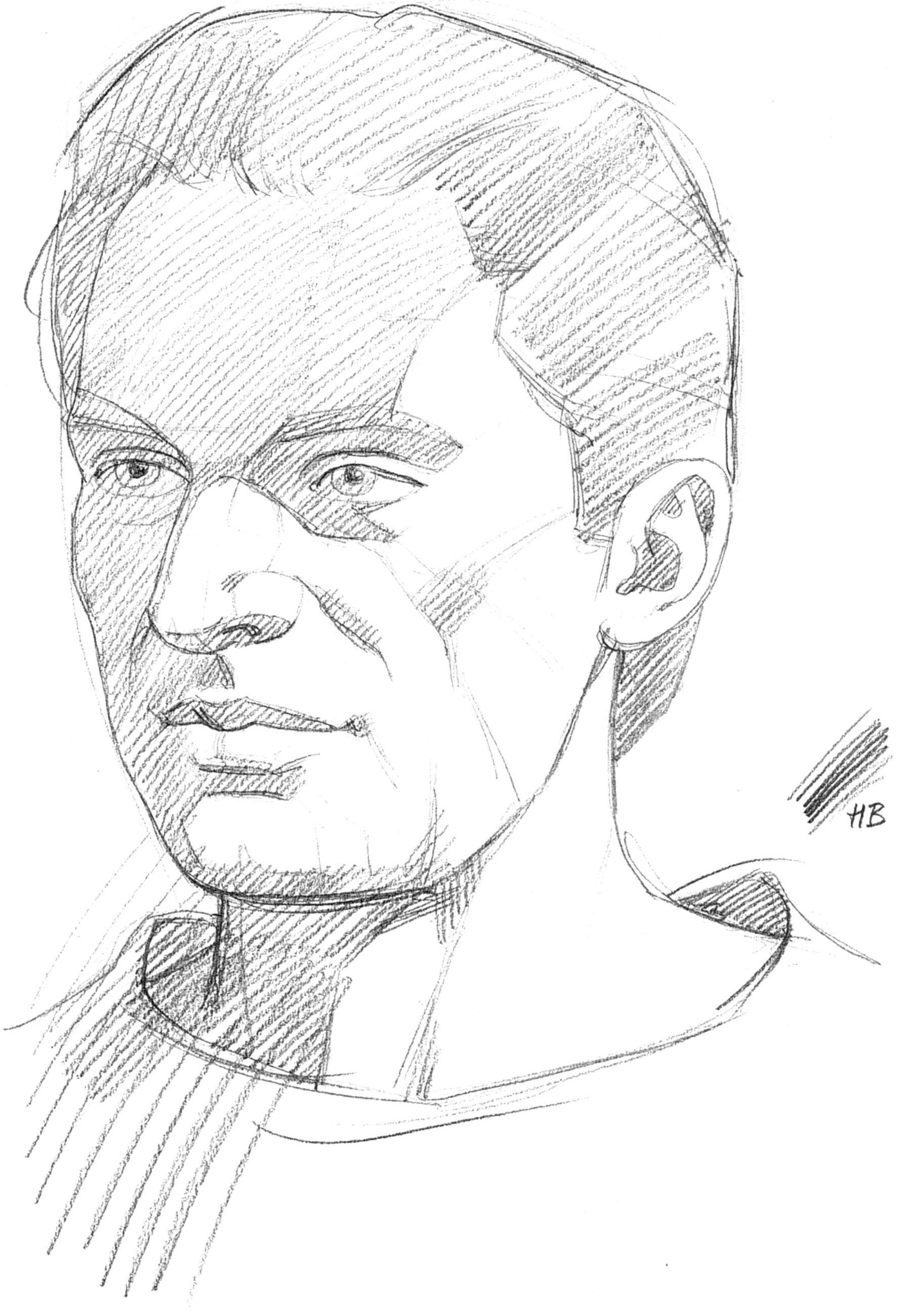

Phase 4
In dieser Phase stellt sich das Problem der Schatten; hier sollten die größeren, wichtigen Partien herausgearbeitet werden. Sie müssen sich darüber klar sein, dass die Schattierungen auf einem Gesicht höchst unterschiedlich und sehr komplex sind. Um einen vereinfachten Eindruck vom Modell zu haben, auf den es in dieser Phase ankommt, kneifen Sie die Augen zusammen, bis Sie am Modell nur noch zwei Tönungen erkennen können: die Partien im Schatten und die im Licht. Benutzen Sie auch in dieser Phase einen Stift HB mit leichtem und gleichförmigem Strich.

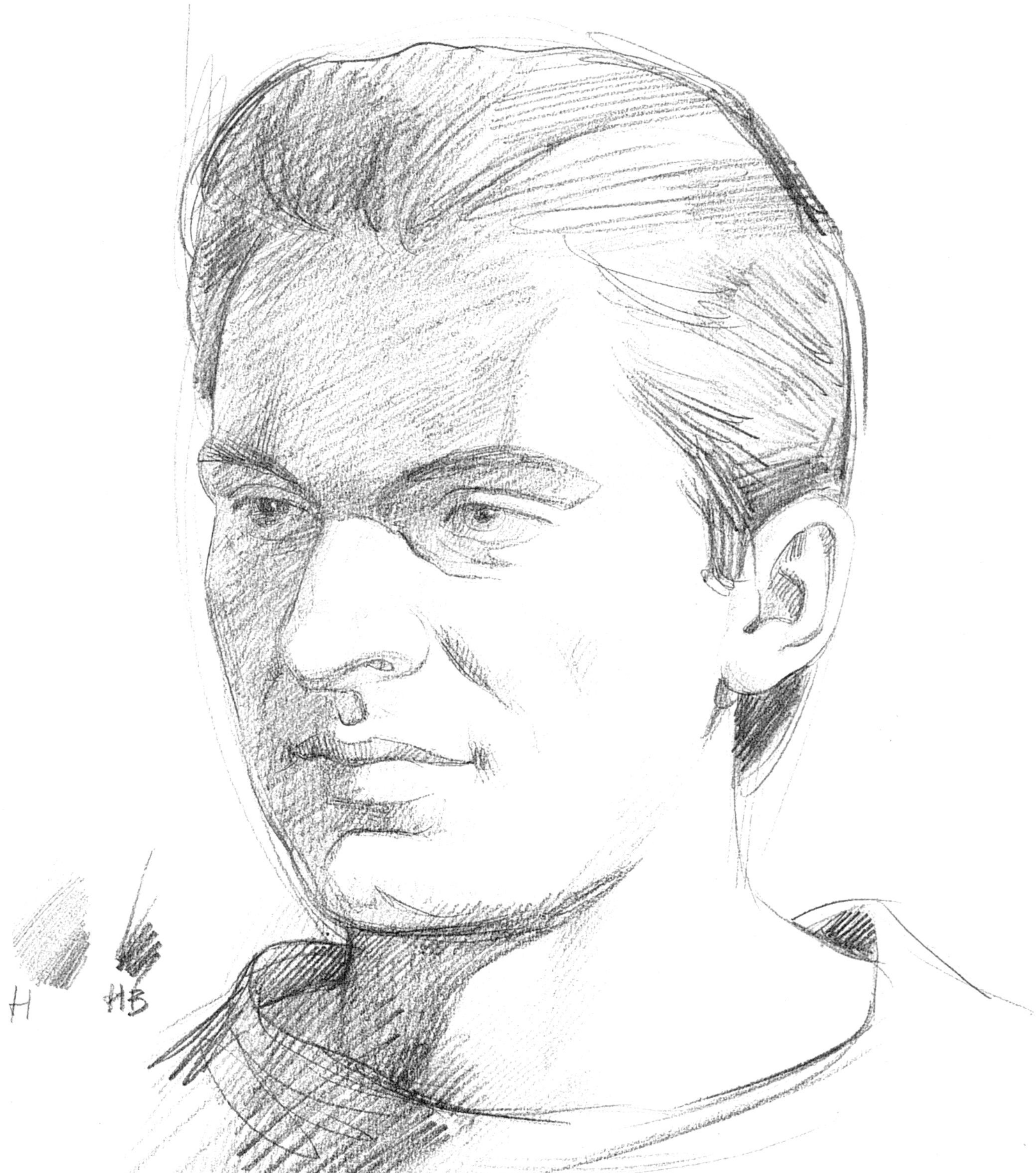

Phase 5

In dieser und auch noch der folgenden Phase wollen wir die Oberfläche des Kopfes modellieren und dazu die Zwischentöne herausarbeiten, die wir in der vorigen Phase zugunsten der großen Schattenpartien vernachlässigt hatten. Außerdem geben wir jetzt die wichtigeren Details an, zum Beispiel die Augen oder die Lippen, indem wir die entscheidenden Schattierungen herausheben oder abschwächen. Benutzen Sie weiterhin HB, aber variieren Sie den Strich, indem Sie mit mehr oder weniger Druck arbeiten. Mit einem H-Stift kann man blassere Bereiche angeben.

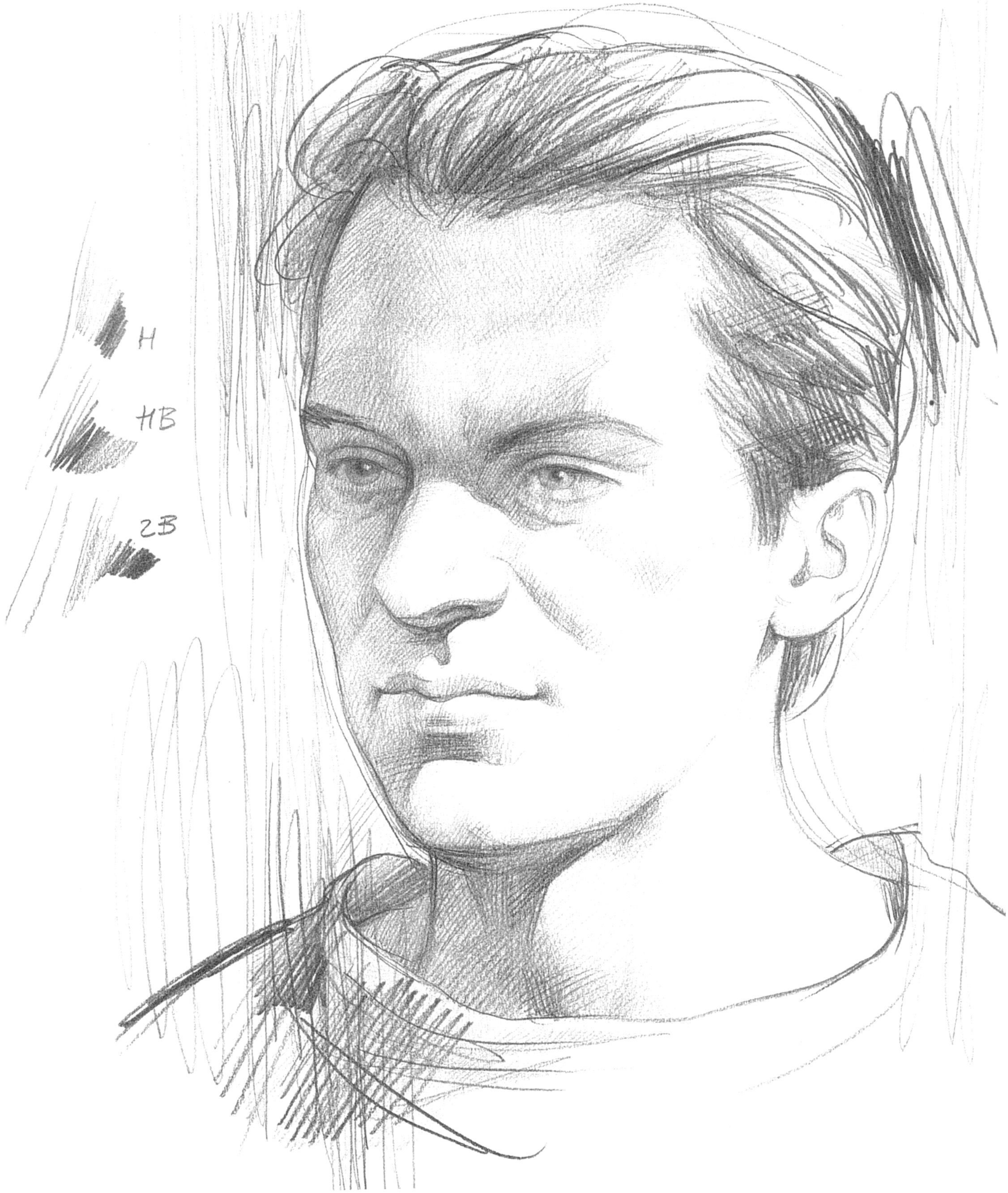

Die Zeichnung zeigt noch Spuren der vorhergehenden Phasen. Radieren Sie sie nicht weg, sondern verwischen Sie sie beim Herausarbeiten und Homogenisieren der Schattierungen. Es ist unmöglich, auf einer Zeichnung alle in der Natur wahrnehmbaren Abschattierungen wiederzugeben. Übertreiben Sie nicht die Angabe unbedeutender Einzelheiten. Eine gute Zeichnung ist auch das Resultat einer aufmerksamen Auswahl und einer klugen, einfühlsamen Vereinfachung. Die Schatten können an einigen Punkten mit einem etwas weicheren Stift 2B vertieft werden.

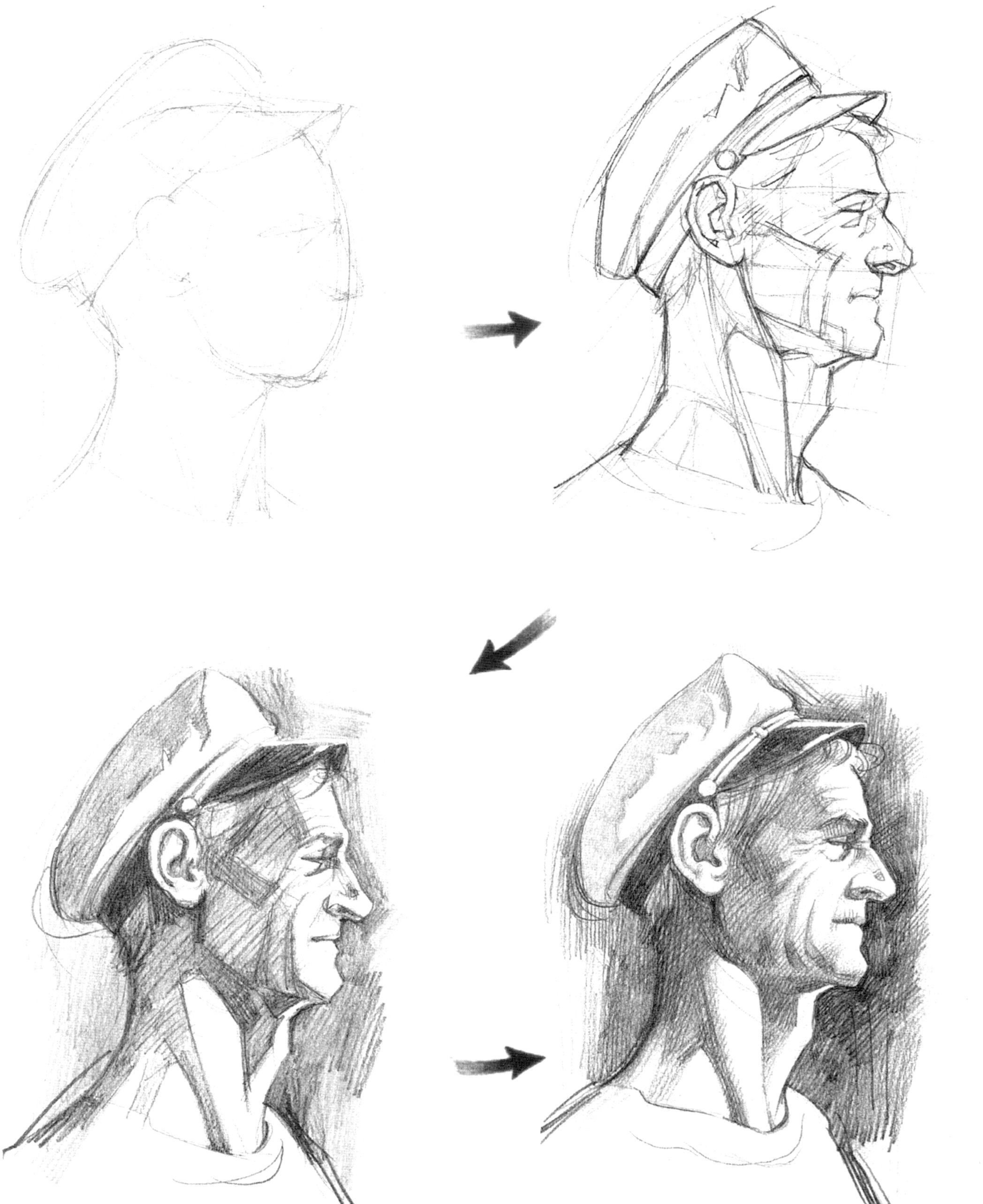

Diese Skizzen sind zu Demonstationszwecken sozusagen rückwärts ausgeführte Rekonstruktionen derjenigen Phasen, die ich gewohnheitsmäßig, fast instinktiv durchlaufe, wenn ich ein Porträt zeichne.

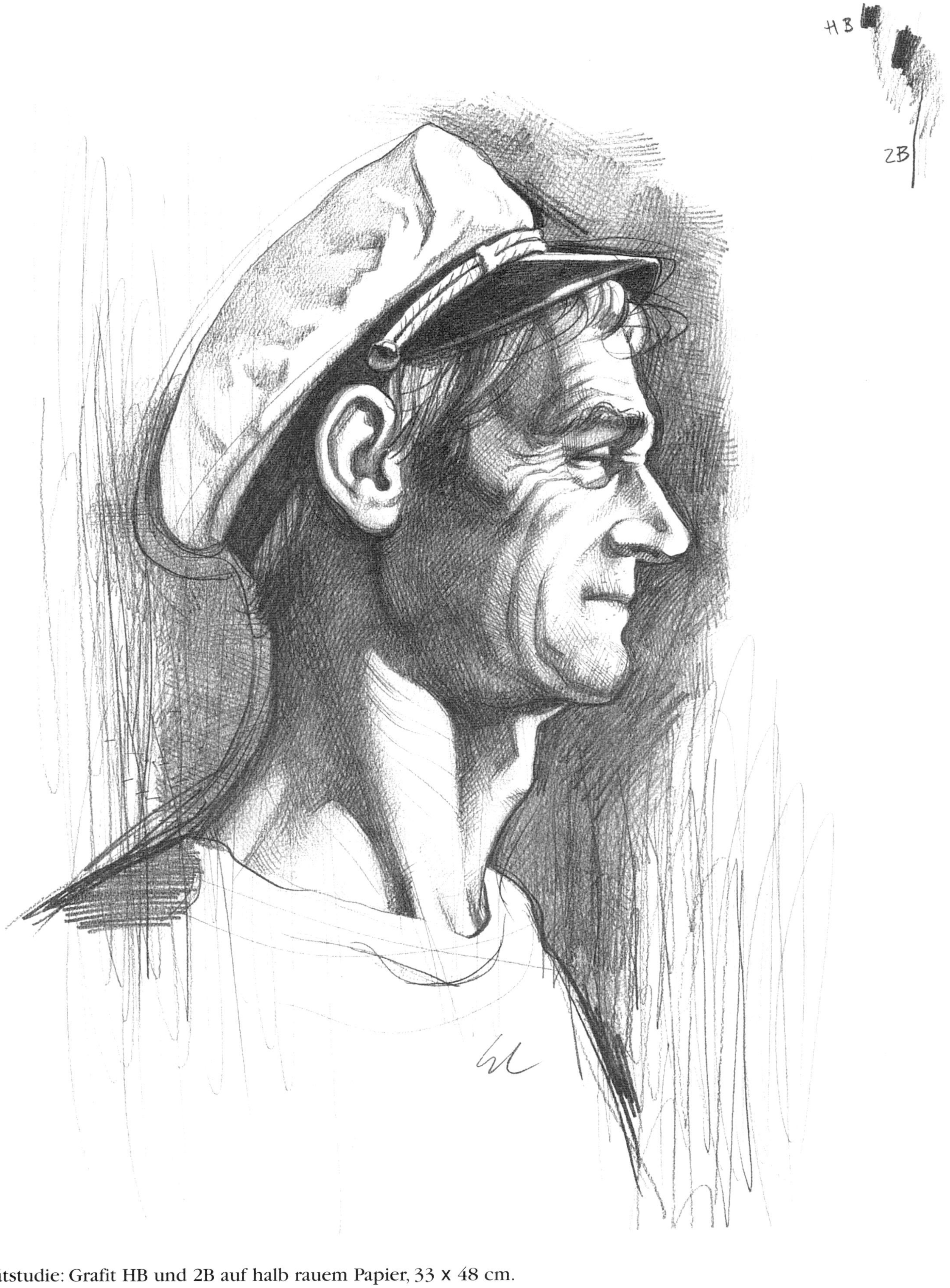

Porträtstudie: Grafit HB und 2B auf halb rauem Papier, 33 x 48 cm.

Die Zeichenkohle eignet sich zum Porträtieren, weil sie eine schnelle und wirkungsvolle Abschattierung des Gesichts erlaubt. Das Vorgehen ist ein wenig anders als beim Bleistift. Mit einigen leichten Strichen geben Sie den Umfang des Kopfes an und verwischen Sie ihn mit dem Finger oder einem Stoffballen (Phase 1). Mit größerem Druck geben Sie mit der Kohle die Schattenzonen an und verwischen sie wieder (Phase 2). Gehen Sie jetzt schrittweise vor bei der Ausarbeitung von Licht und Schatten, indem Sie die Schattenpartien weiter abdunkeln und diejenigen im Licht aufhellen (Phase 3 und 4). Zum Aufhellen und Radieren nehmen Sie Knetgummi, drücken ihn sanft auf und reiben ganz leicht. Übertreiben Sie die Abtönung nicht, sonst wirkt die Zeichnung schwächlich und indifferent und bekommt eine unangenehme Ähnlichkeit mit einer Fotografie. Konzentrieren Sie sich dagegen auf die großen plastischen Massen des Gesichts.

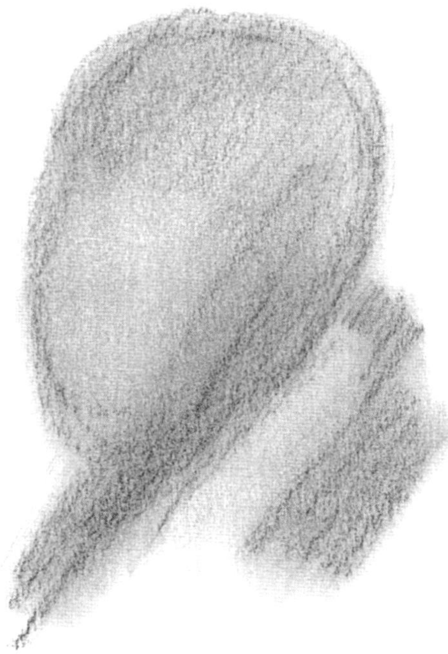

1

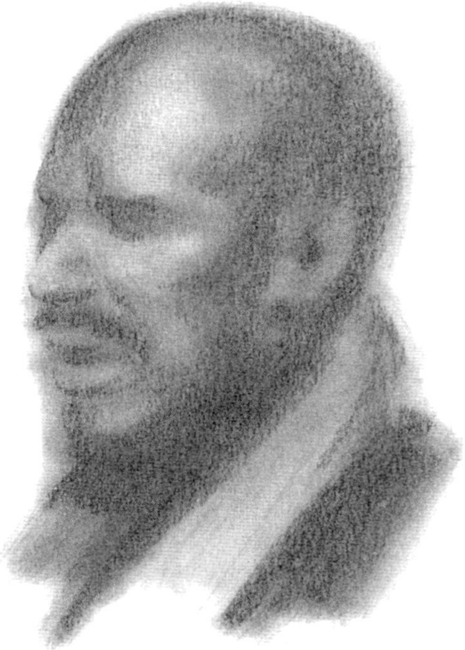

2

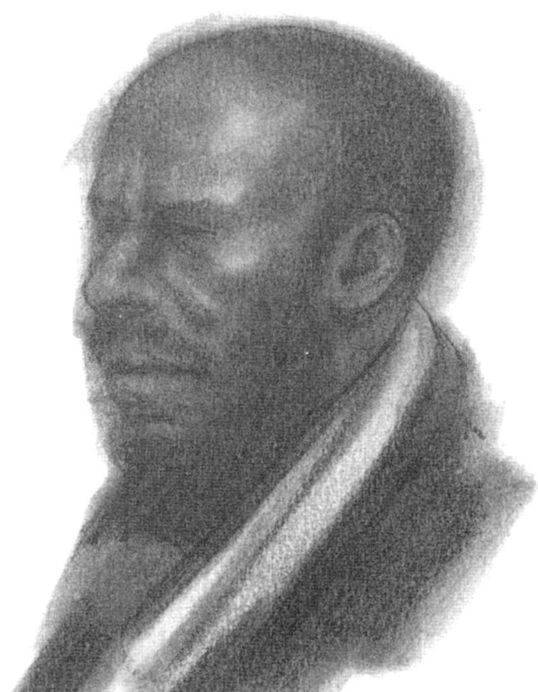

3

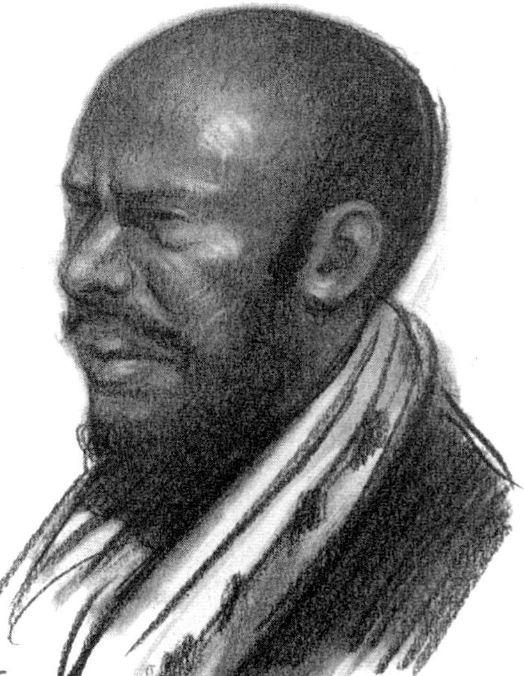

4

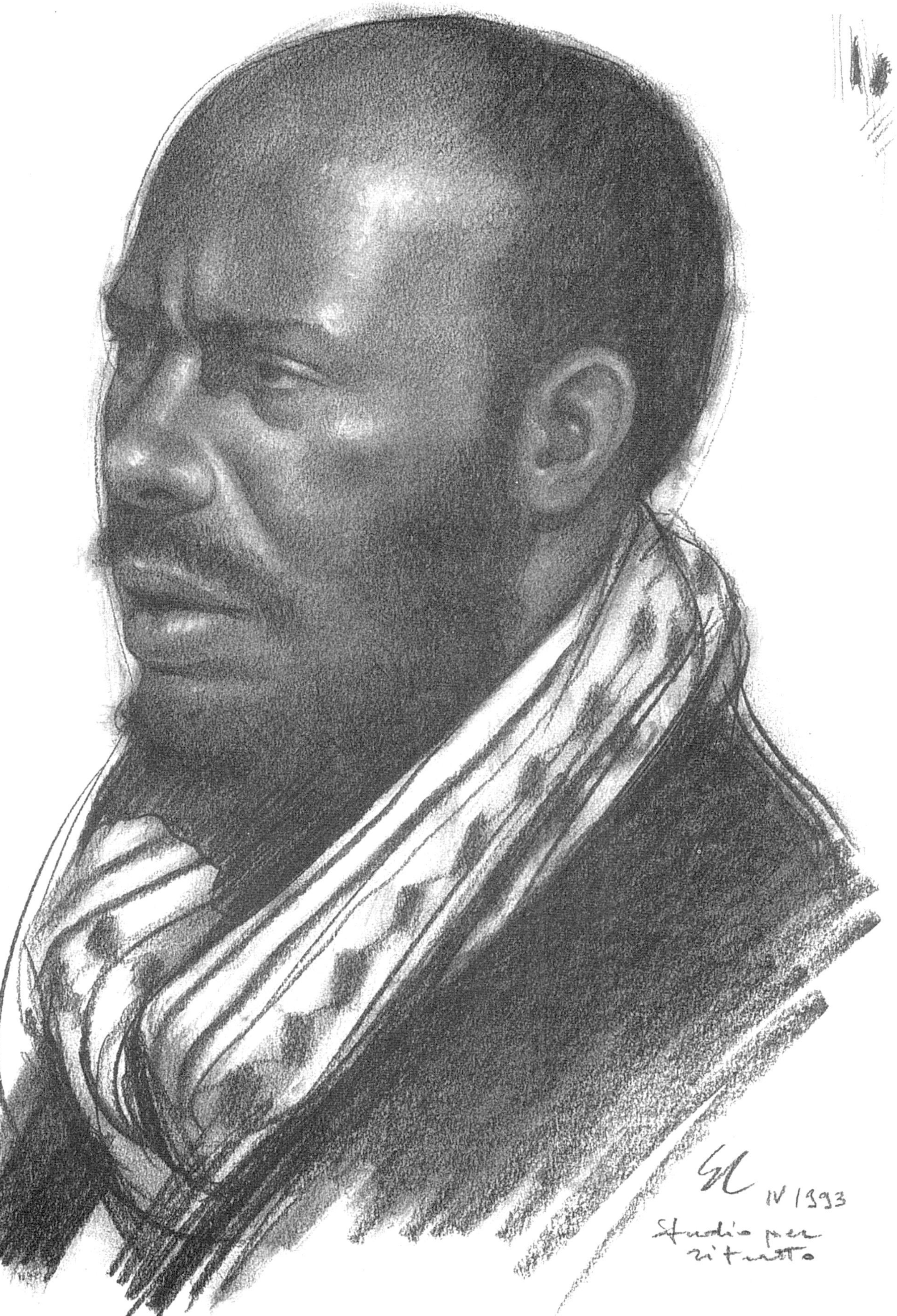

Porträtstudie: Kohle Sepia auf halb rauem Papier, 33 x 48 cm.

12 Porträtstudien

In diesem Abschnitt habe ich eine Reihe von Porträts zusammengestellt, von denen ich einige extra für dieses Buch angefertigt habe, andere bereits früher. Es sind fast alles Vorstudien für Ölgemälde oder für ausgearbeitete Porträtzeichnungen. Ich habe sie ausgewählt, gerade weil das nicht endgültige Stadium sehr viel mehr als das vollendete Werk geeignet ist, die Probleme der Komposition, der Pose, der Anatomie und der Ausführungstechnik deutlich zu machen und wie diese Probleme gemeistert werden können.

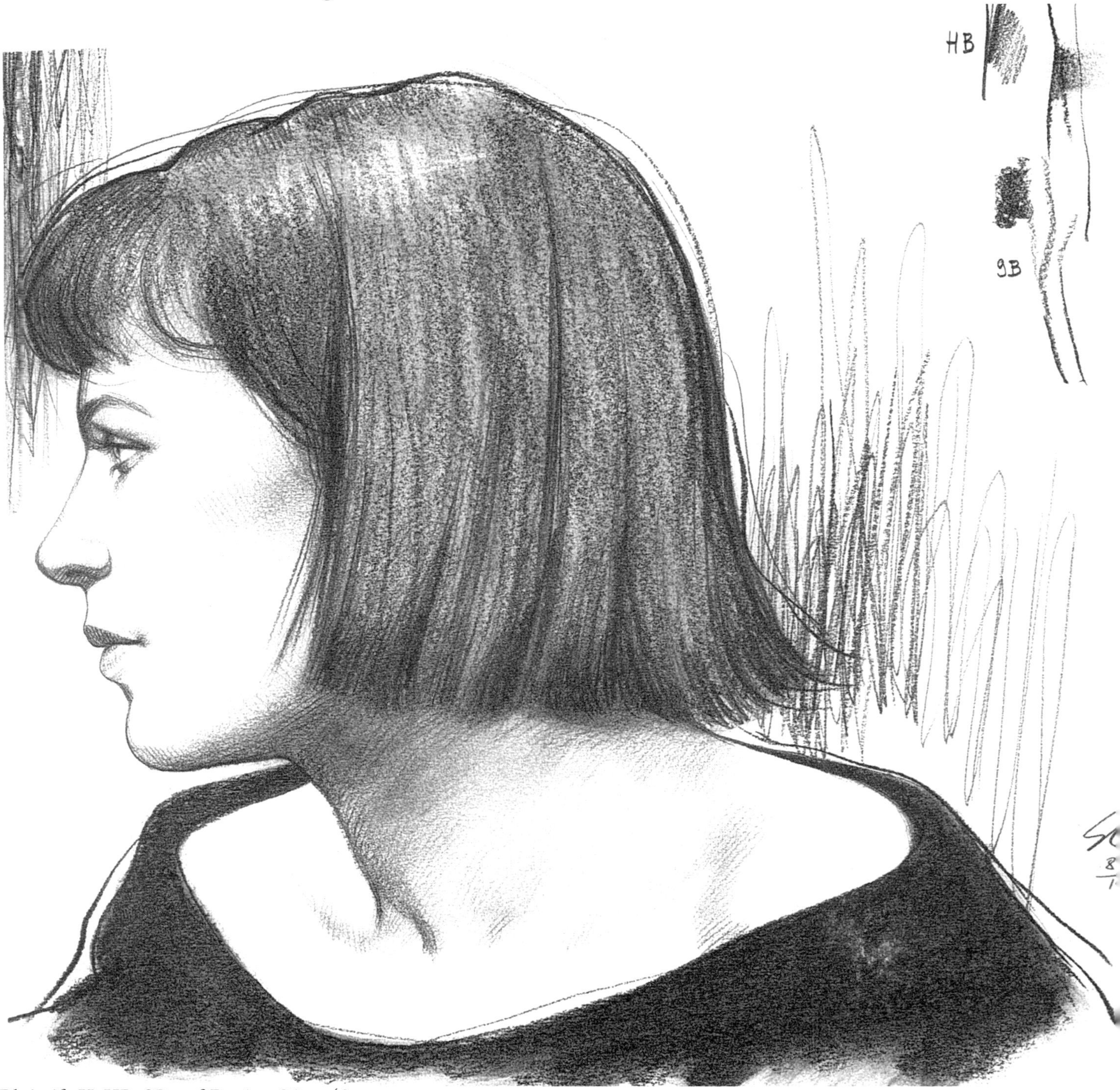

Bleistift H, HB, 9B auf Papier, 30 x 40 cm.

Das Porträt im Profil eignet sich für junge Leute, besonders für Frauen. Die Haare bilden einen wirkungsvollen Kontrast zu den Gesichtszügen. Für die Haare habe ich einen Stift HB benutzt, ihn etwas mit dem Finger verwischt und mit dem 9B einige dunkle Akzente gesetzt, indem ich die Linien mit der Breitseite der Spitze gezogen habe.

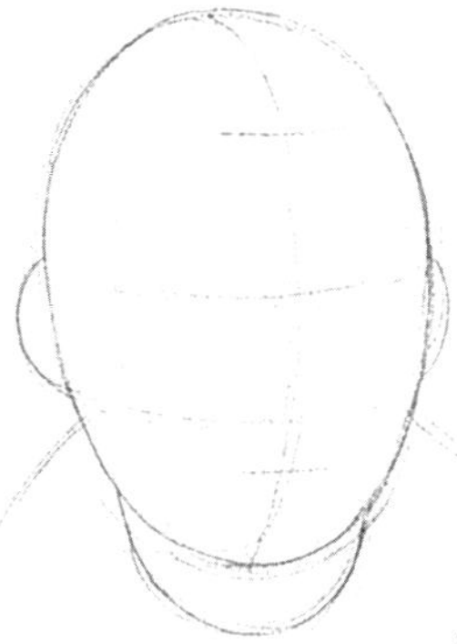

1

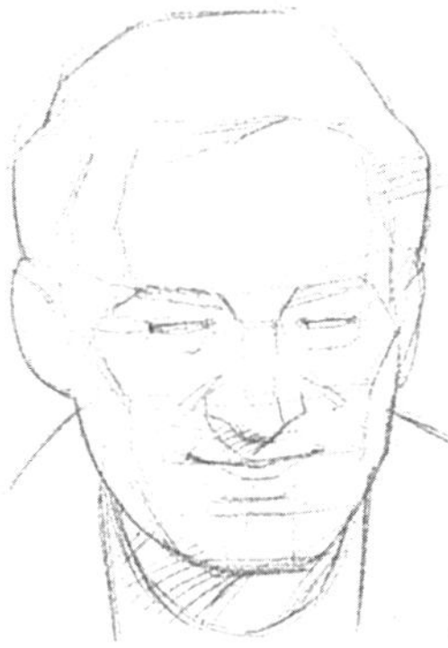

2

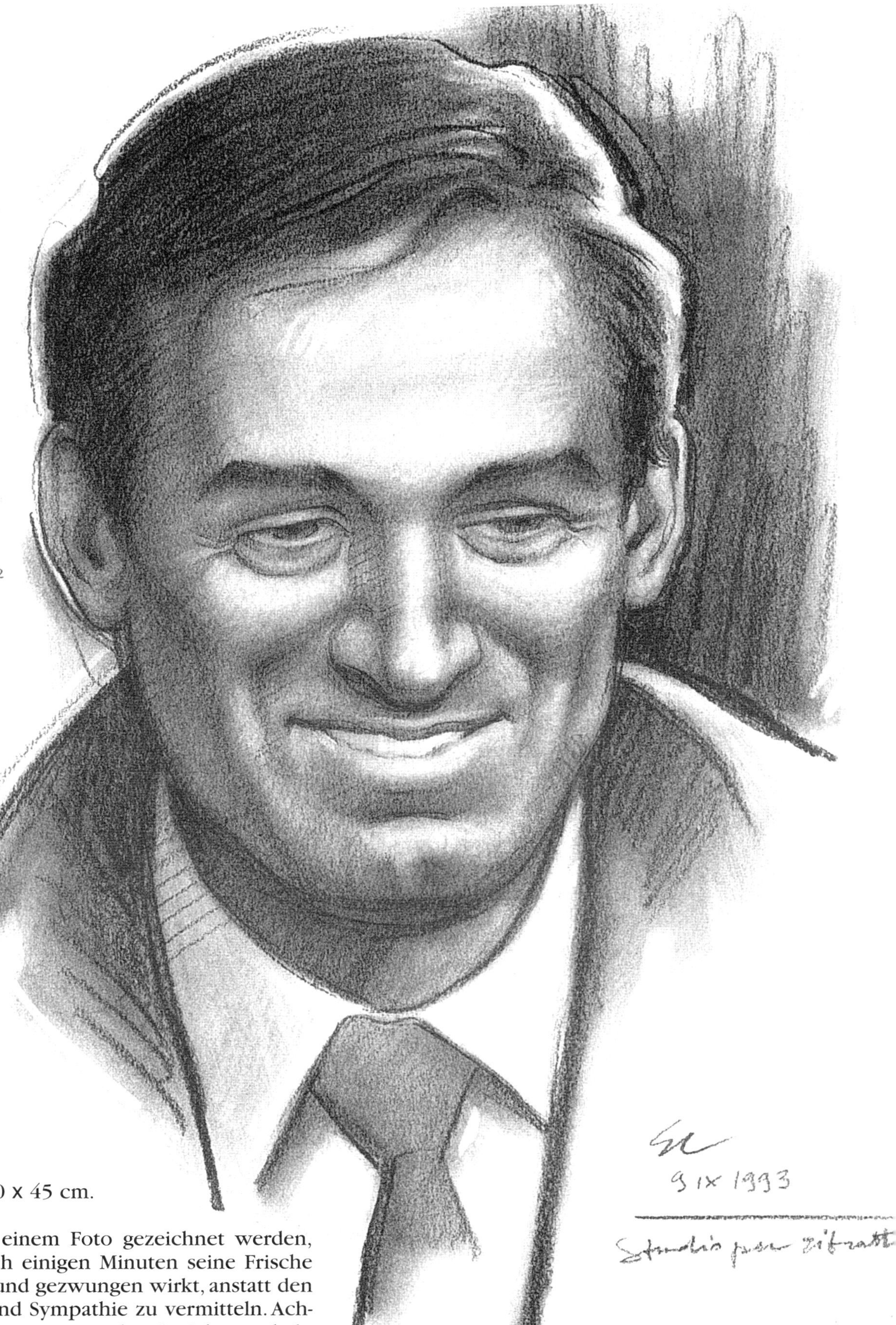

Kohle Sepia auf Papier, 30 x 45 cm.

Ein Lächeln sollte nach einem Foto gezeichnet werden, weil es in der Natur nach einigen Minuten seine Frische verliert und unnatürlich und gezwungen wirkt, anstatt den Eindruck von Jovialität und Sympathie zu vermitteln. Achten Sie darauf, wie die Anspannung der Gesichtsmuskeln auch die Fältchen seitlich der Augen und unter den Lidern hervorruft. Der Mund ist breiter als normal und die Lippen sind leicht geöffnet; dies kann zu Fehleinschätzungen der Proportionen des Dargestellten führen, die man deswegen gut studieren muss.

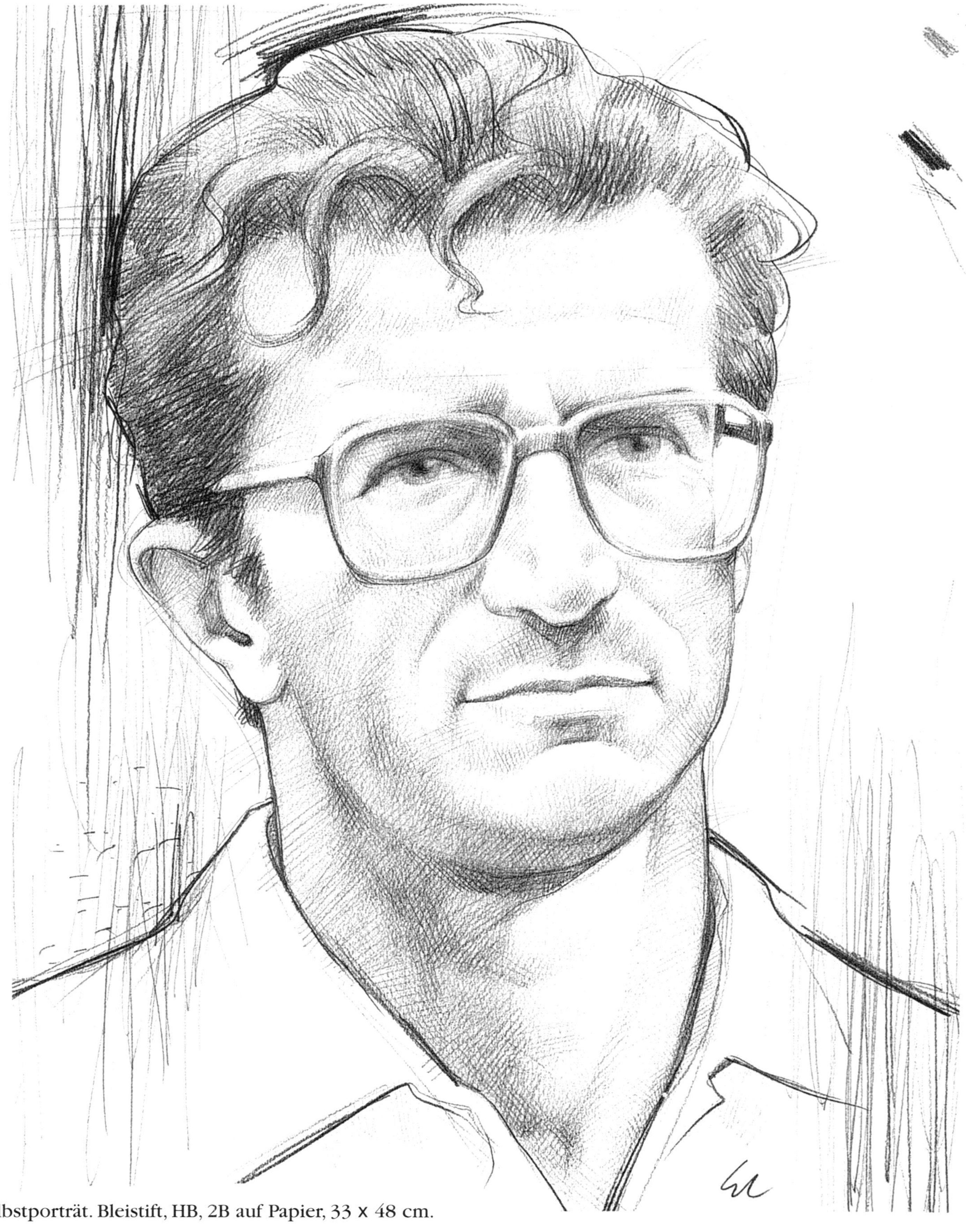

Selbstporträt. Bleistift, HB, 2B auf Papier, 33 x 48 cm.

Ein Modell, das Sie jederzeit studieren können, sind Sie selbst. Üben Sie, Ihr Spiegelbild zu zeichnen, und wenn Sie sich nicht ganz in Ihrem Selbstporträt erkennen, keine Sorgen: eine Pose einzunehmen, ist anstrengend. Sie können eine Fotografie benutzen wie für jedes andere Porträt auch, aber es lohnt sich, nach der Natur zu zeichnen. Versuchen Sie vor allem, die Proportionen des Kopfes zu erfassen und dann die Einzelheiten einzuzeichnen. Wenn Sie wie ich dauernd eine Brille tragen, so ist dies Teil Ihrer Physiognomie und kann sie nachhaltig prägen. Bedenken Sie, dass die Gläser die Augen je nach Brennweite vergrößern oder verkleinern und dass das Gestell Schatten wirft.

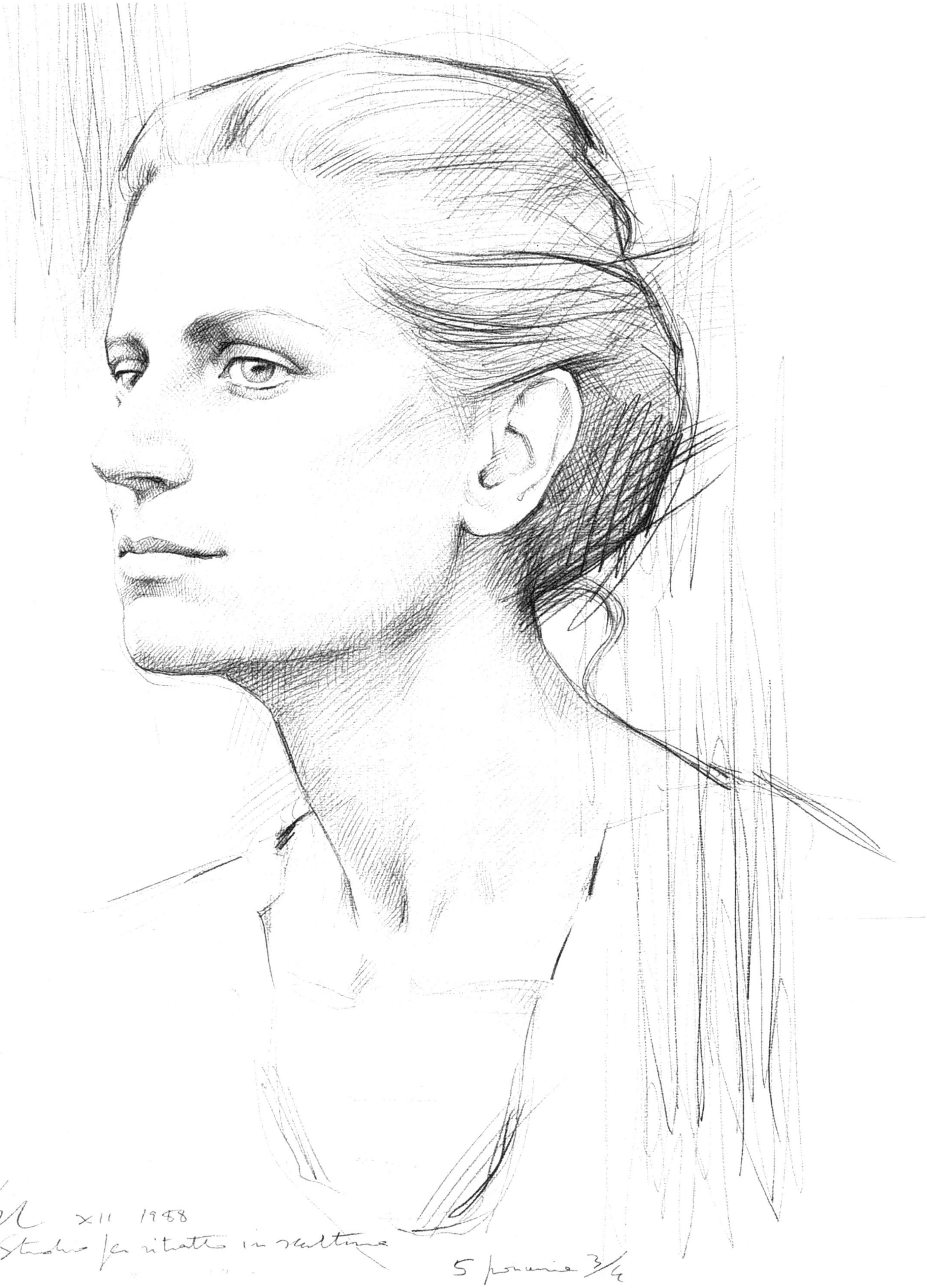

Bleistift HB auf Papier, 30 x 40 cm.

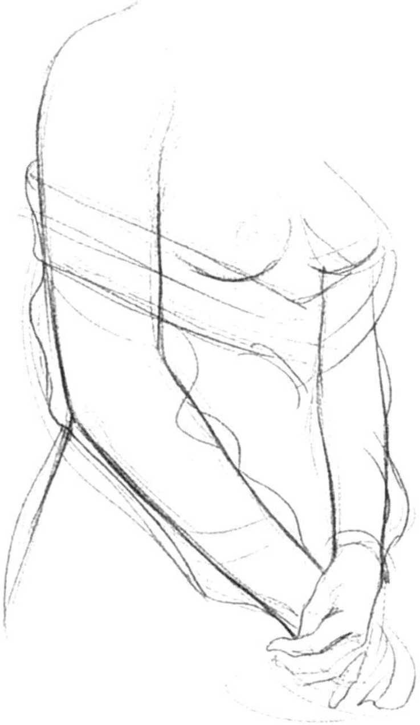

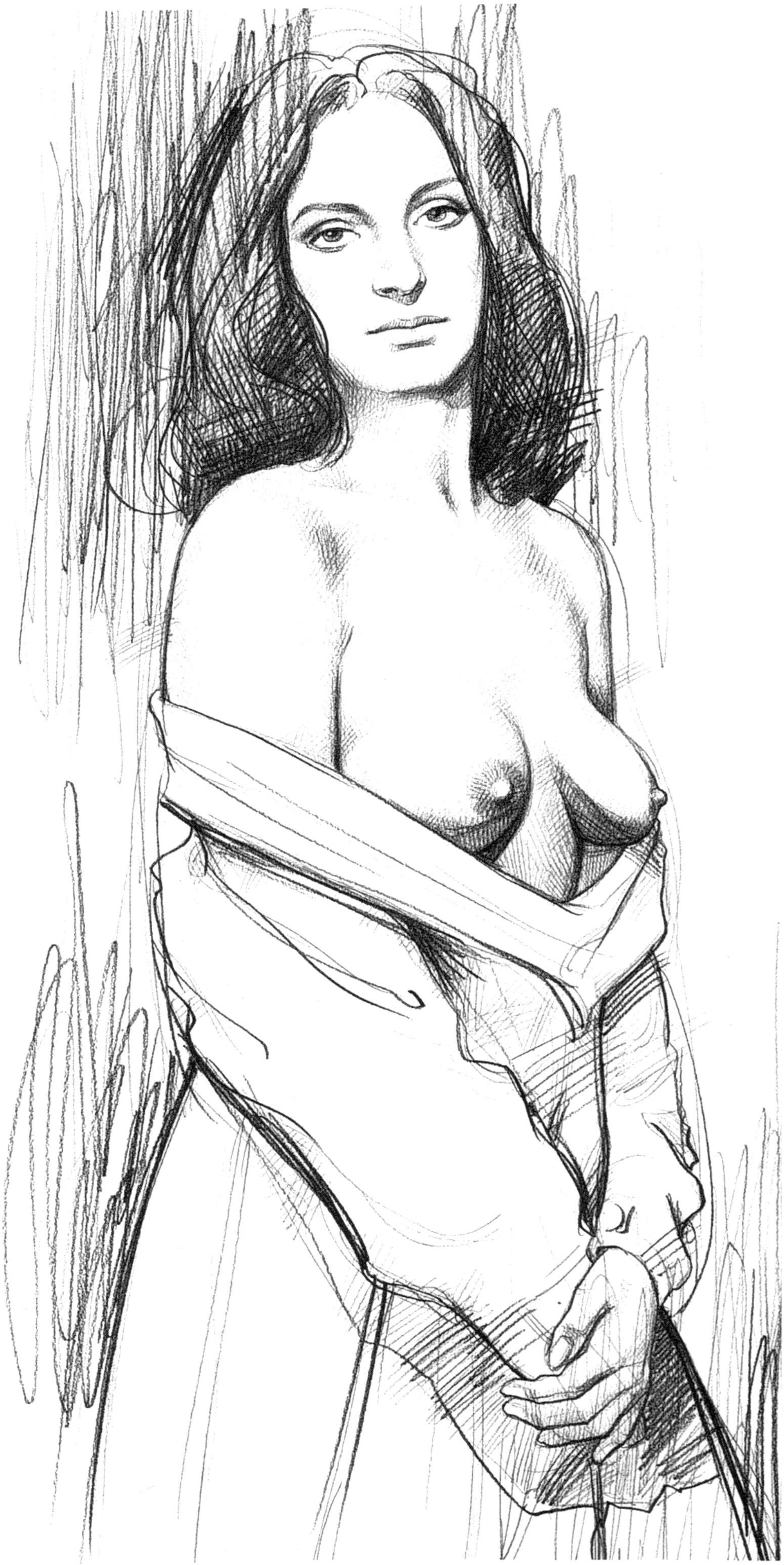

Das Porträt besteht nicht notwendig nur aus dem Gesicht; die gesamte Figur oder auch ein Teil von ihr kann die abgebildete Person besser charakterisieren und eine interessante Komposition abgeben. Achten Sie auf die körperliche Beschaffenheit, selbst wenn sie unter Kleidung verborgen ist, denn diese legt sich über ihr Volumen und die Zeichnung muss diesen dreidimensionalen Eindruck wiedergeben.

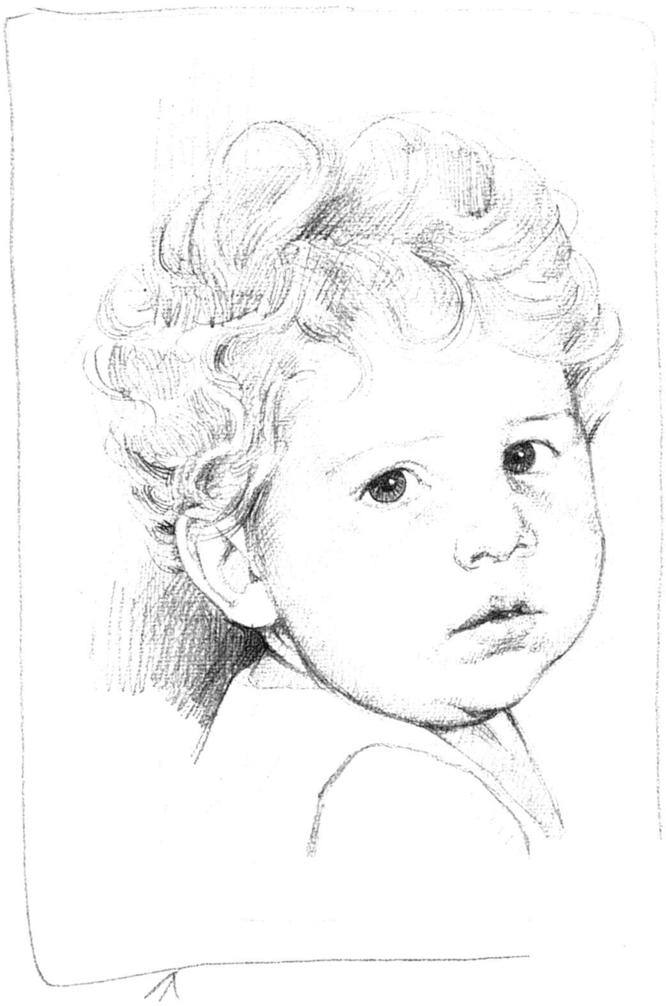

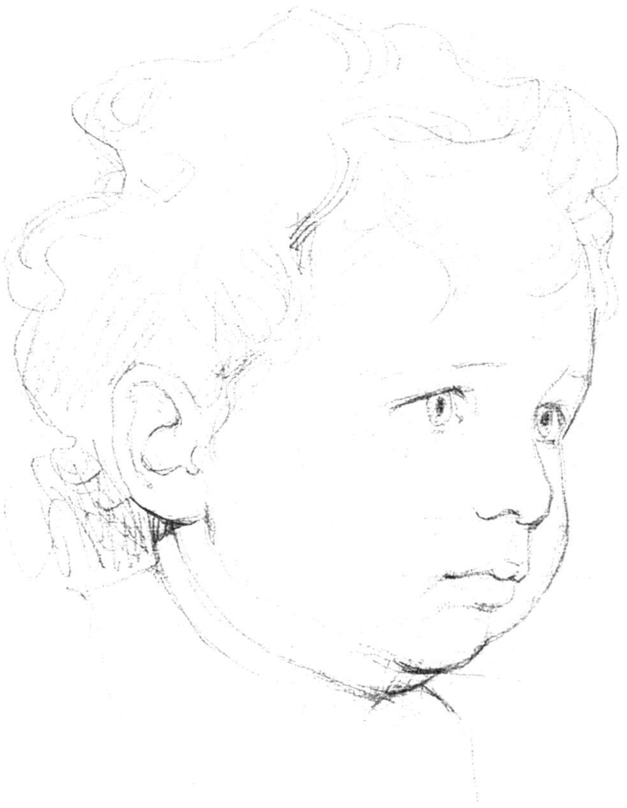

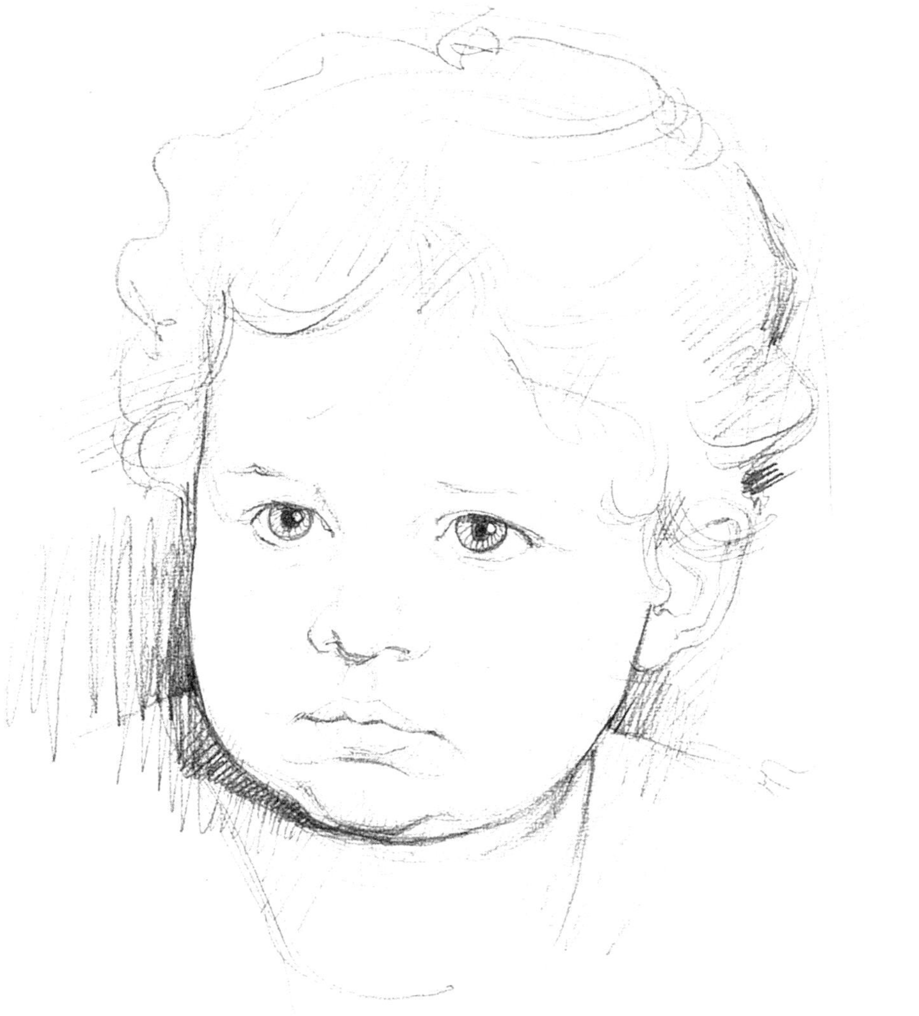

Bleistift H auf Papier, 30 x 40 cm.

Kinder sind schwer zu porträtieren, weil sie sich fortwährend bewegen und es schwer ertragen, beobachtet zu werden; dann reagieren sie jähzornig oder schmollen. Benutzen Sie eine Fotografie und fesseln Sie die Aufmerksamkeit Ihres kleinen Modells mit einem interessanten Spiel oder beobachten Sie es beim Fernsehen. Die Proportionen eines Kinderkopfes unterscheiden sich von dem eines Erwachsenen, so ist das Gesicht im Verhältnis zum Schädel niedriger, die Haare sind feiner und die Augen erscheinen größer. Eine einfache, lineare Zeichnung ohne viel Angabe von Hell-Dunkel ist am geeignetsten, um die feinen kindlichen Gesichtszüge wiederzugeben. Außerdem lässt sie sich rasch anfertigen.

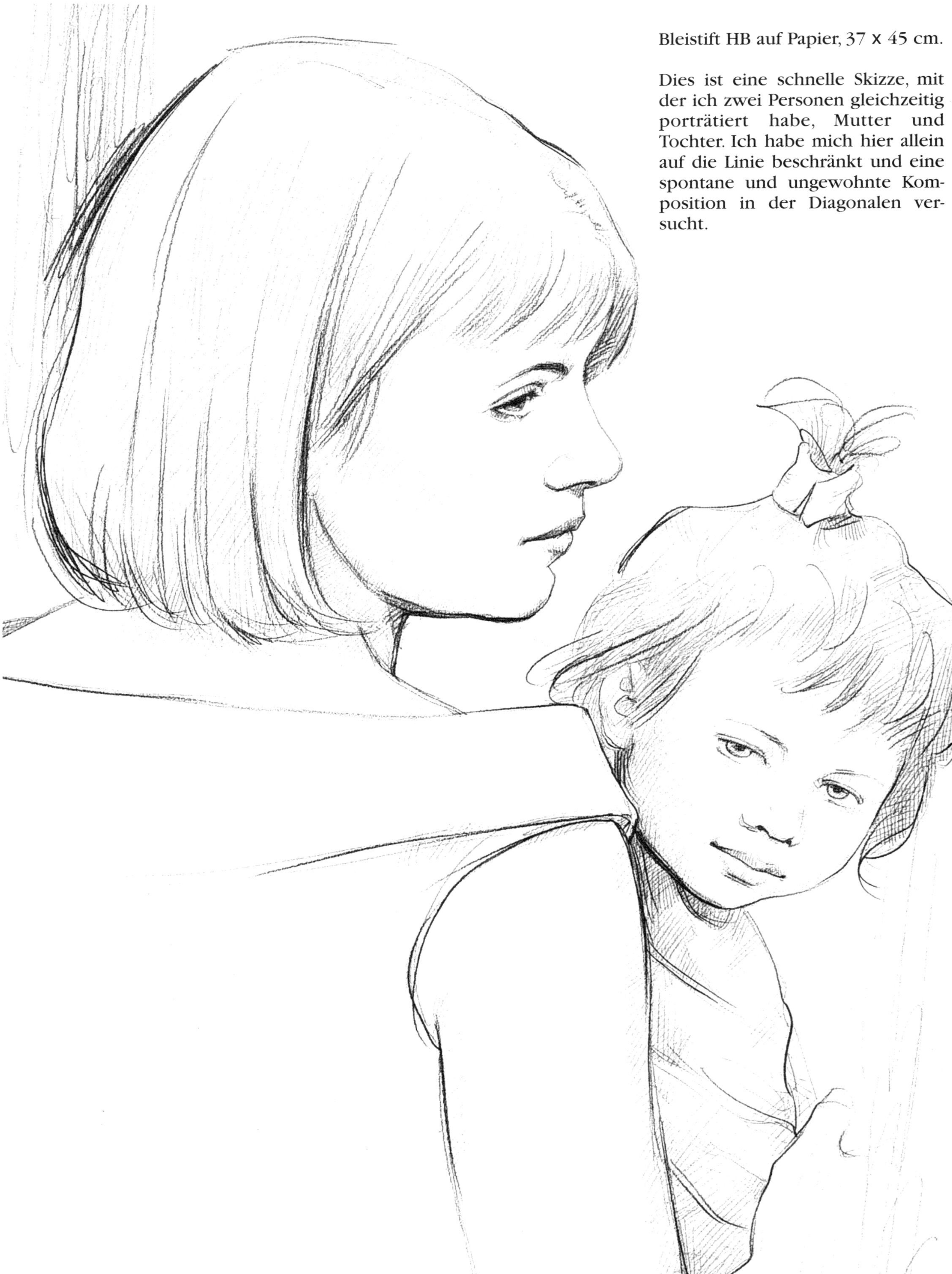

Bleistift HB auf Papier, 37 x 45 cm.

Dies ist eine schnelle Skizze, mit der ich zwei Personen gleichzeitig porträtiert habe, Mutter und Tochter. Ich habe mich hier allein auf die Linie beschränkt und eine spontane und ungewohnte Komposition in der Diagonalen versucht.

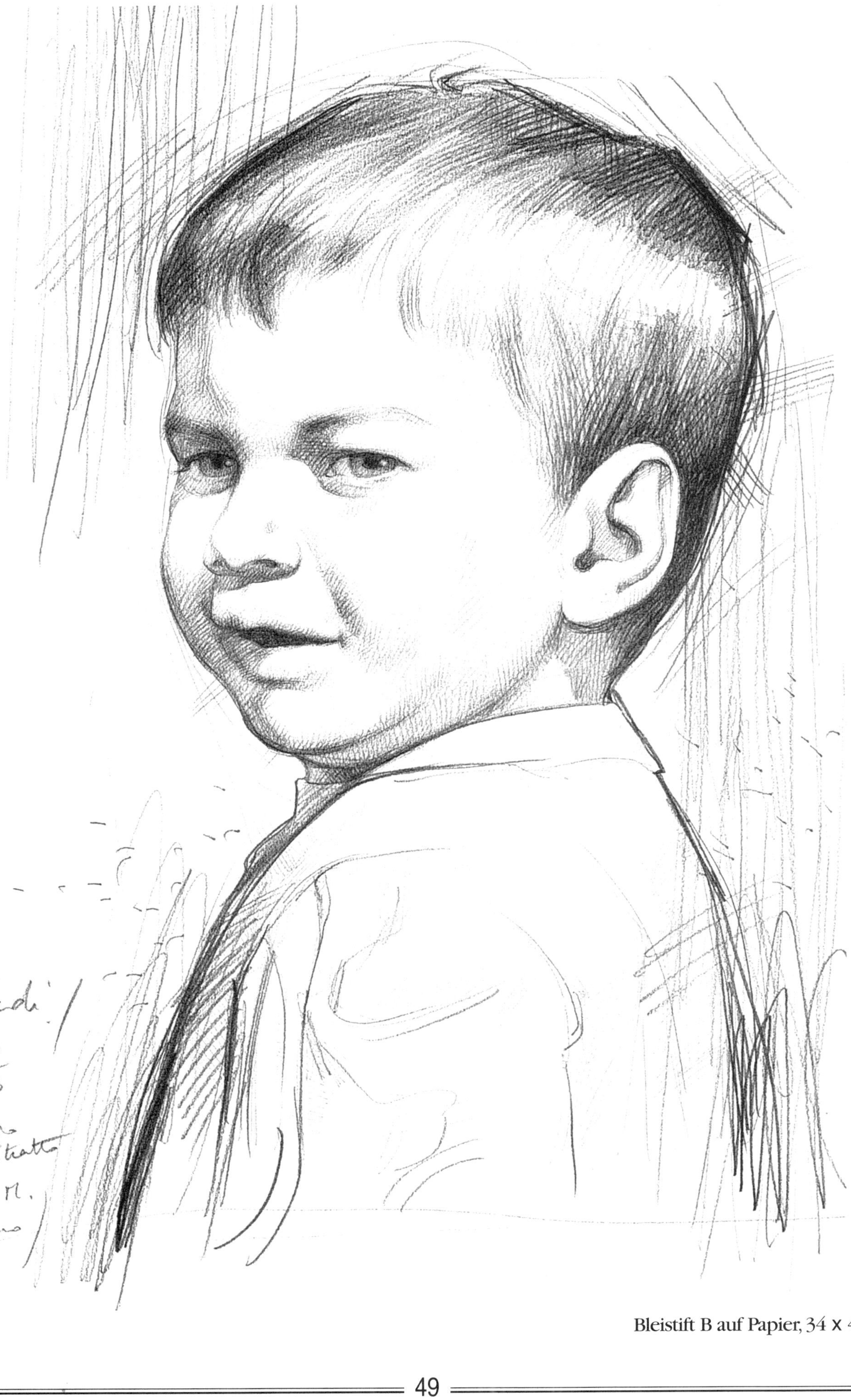

Bleistift B auf Papier, 34 x 48 cm.

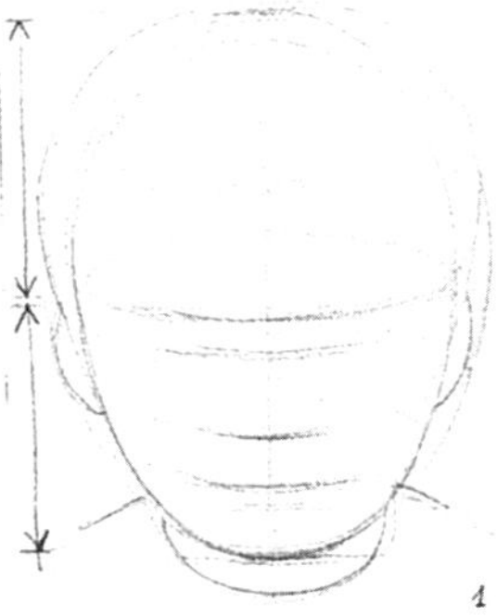

1

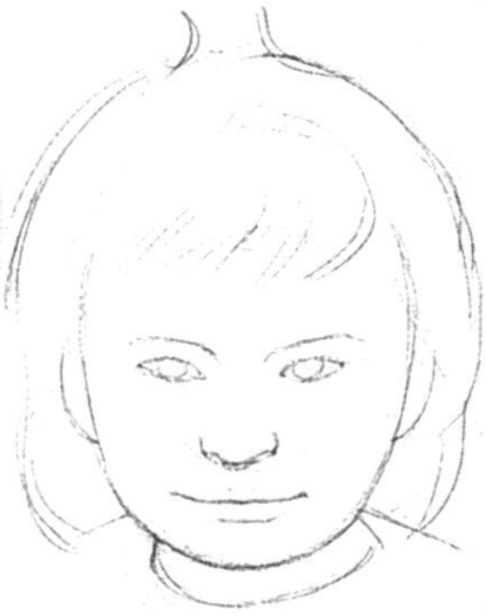

2

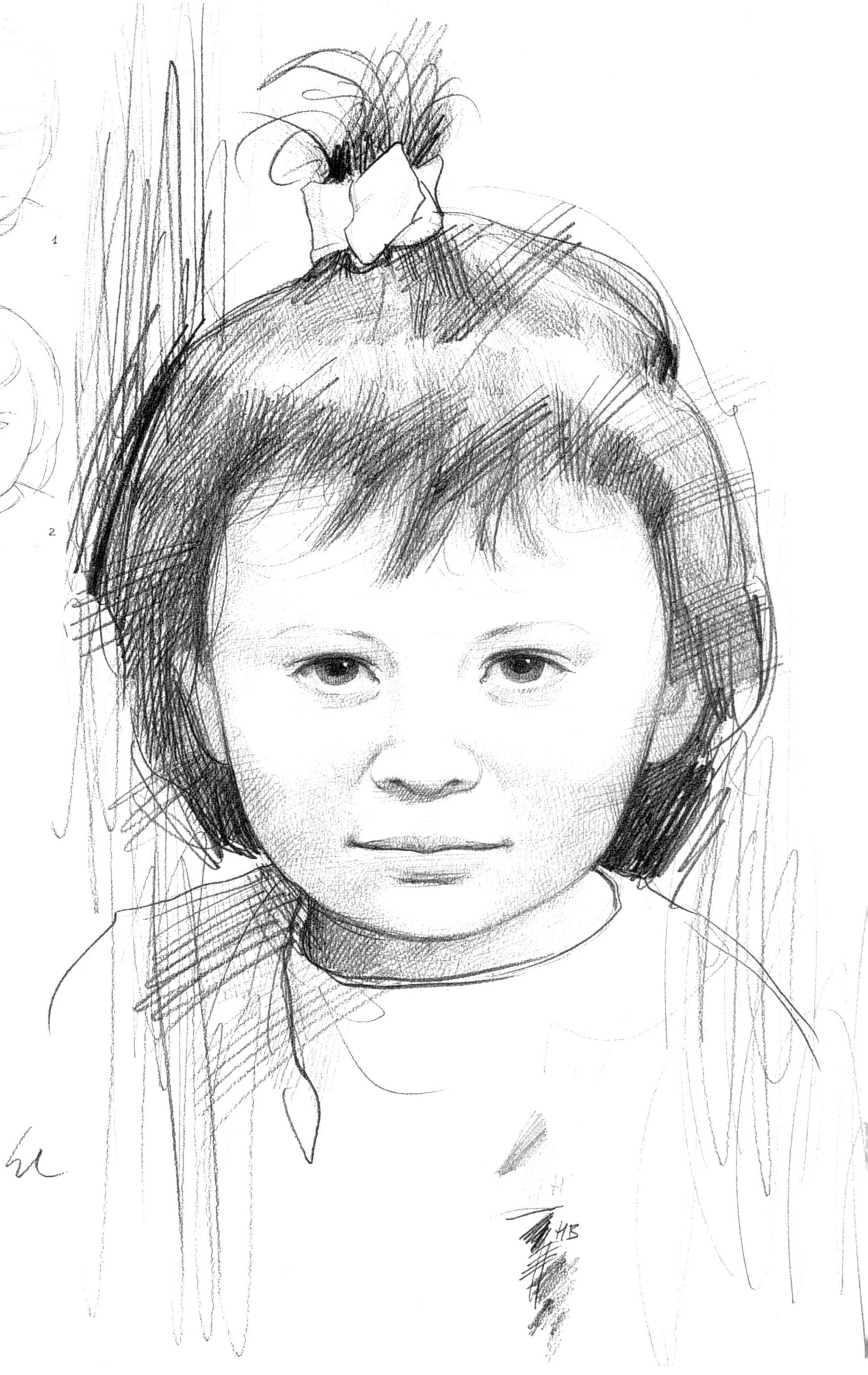

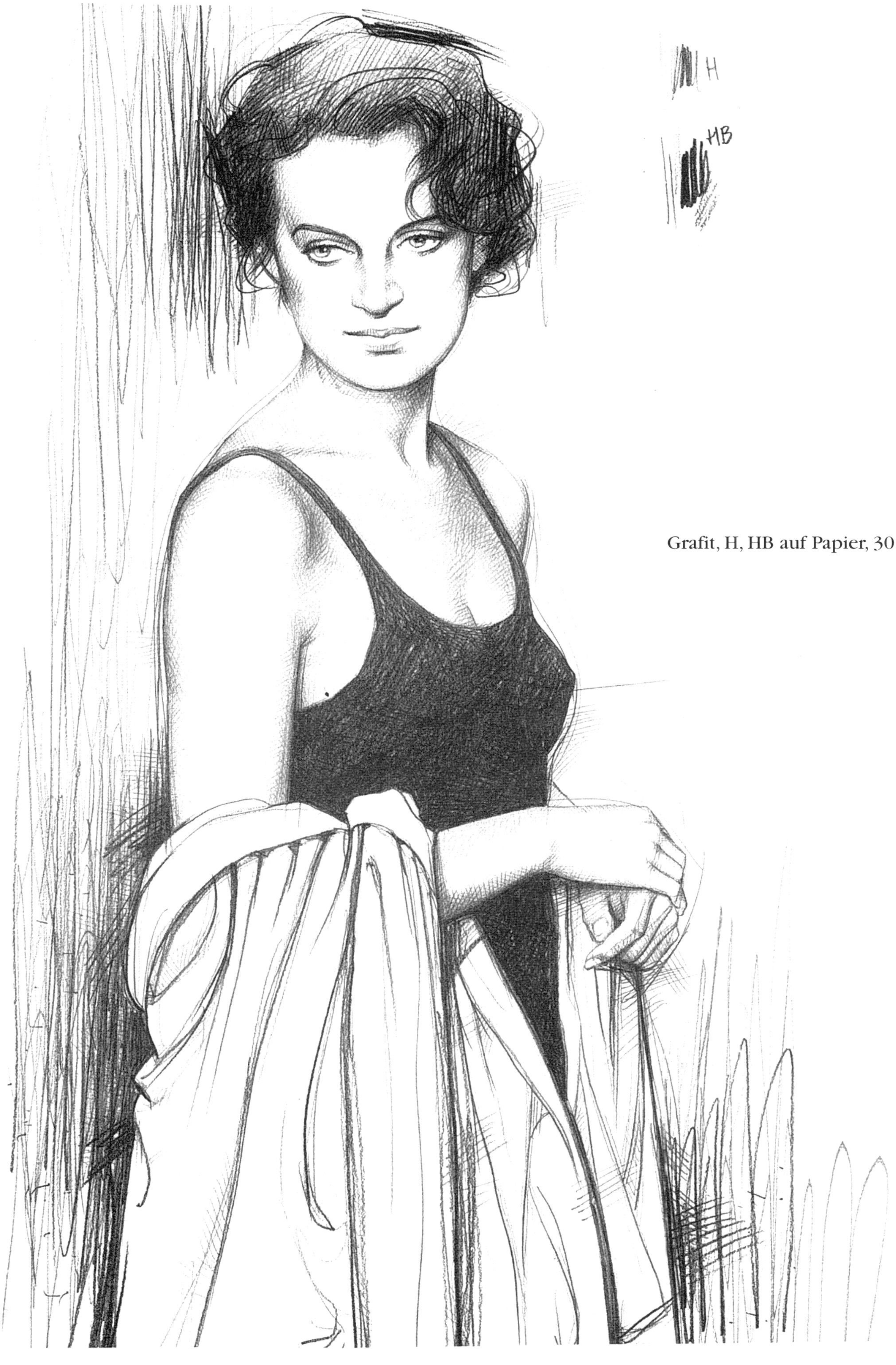

Grafit, H, HB auf Papier, 30 x 46 cm.

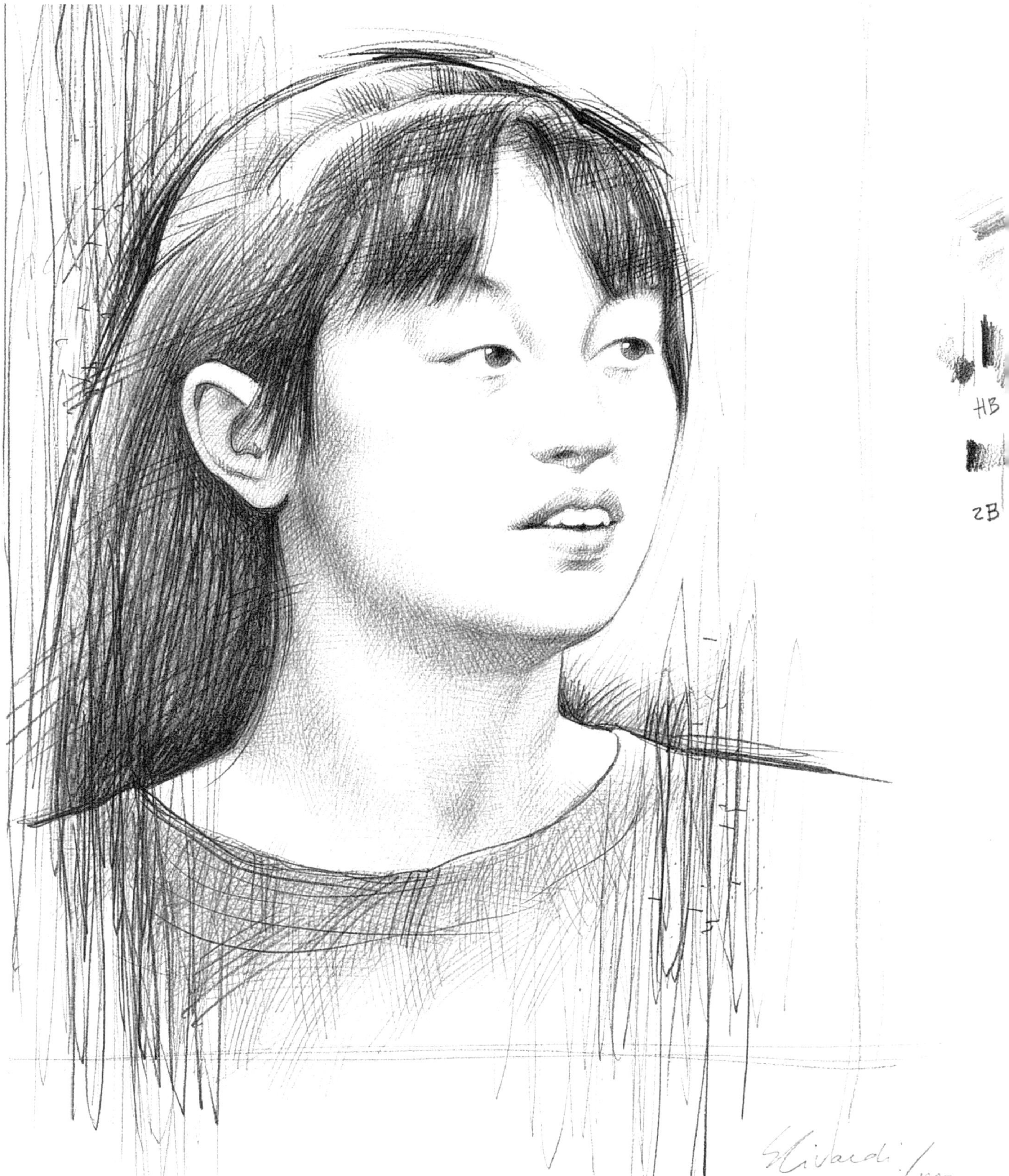

Beachten Sie bitte auf dieser Zeichnung die besondere Bildung des Auges, die typisch ist für viele orientalische Ethnien. Eine Hautfalte verdeckt das Oberlid und lässt die Augen länger aussehen. Studieren Sie daher die physiognomischen Besonderheiten der verschiedenen Ethnien, die man heute alle leicht in unseren Städten antreffen kann, obwohl es manchmal schwierig ist, zumindest beim ersten Versuch, ein gelungenes ähnliches Porträt herzustellen.

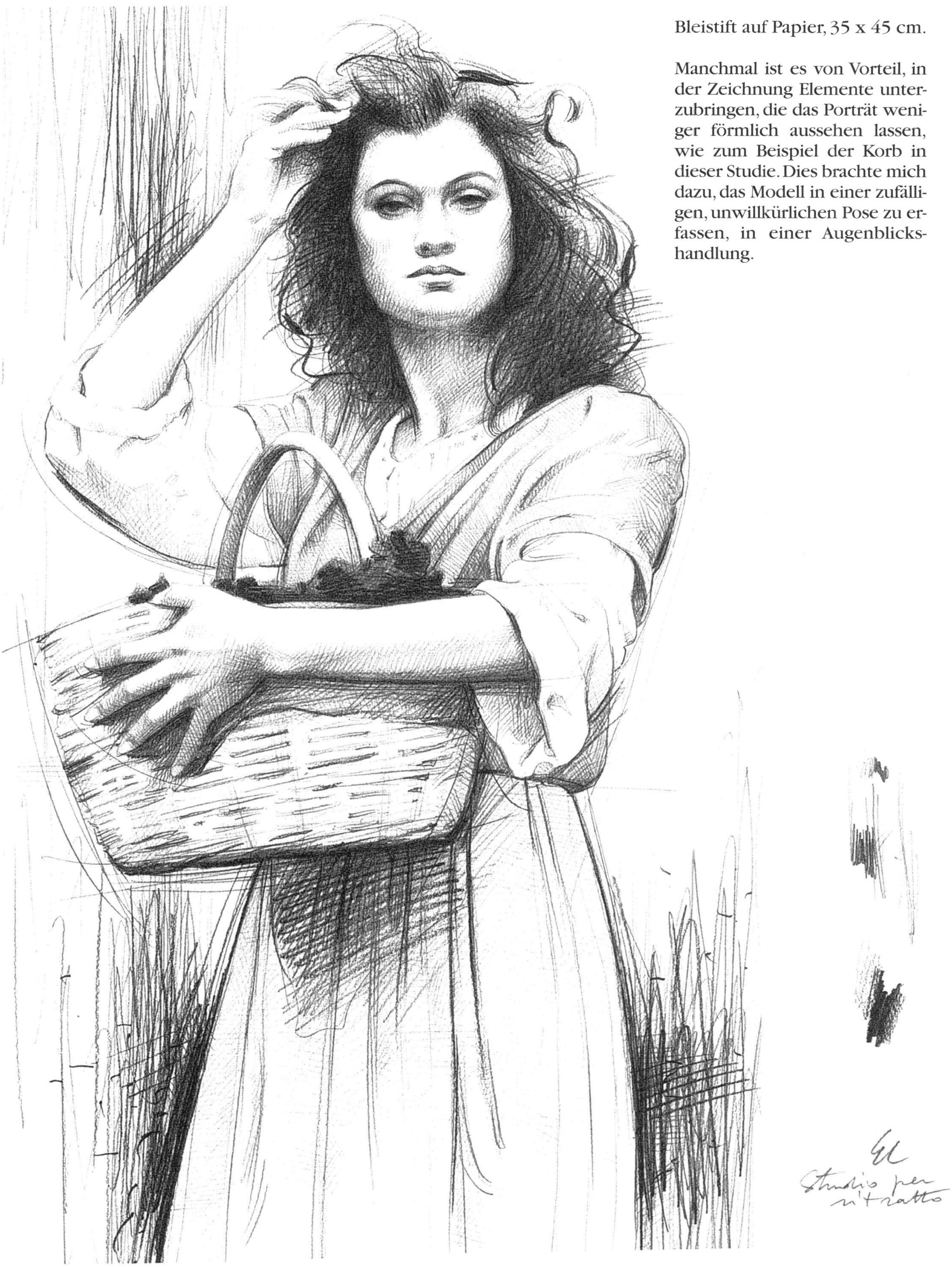

Bleistift auf Papier, 35 x 45 cm.

Manchmal ist es von Vorteil, in der Zeichnung Elemente unterzubringen, die das Porträt weniger förmlich aussehen lassen, wie zum Beispiel der Korb in dieser Studie. Dies brachte mich dazu, das Modell in einer zufälligen, unwillkürlichen Pose zu erfassen, in einer Augenblickshandlung.

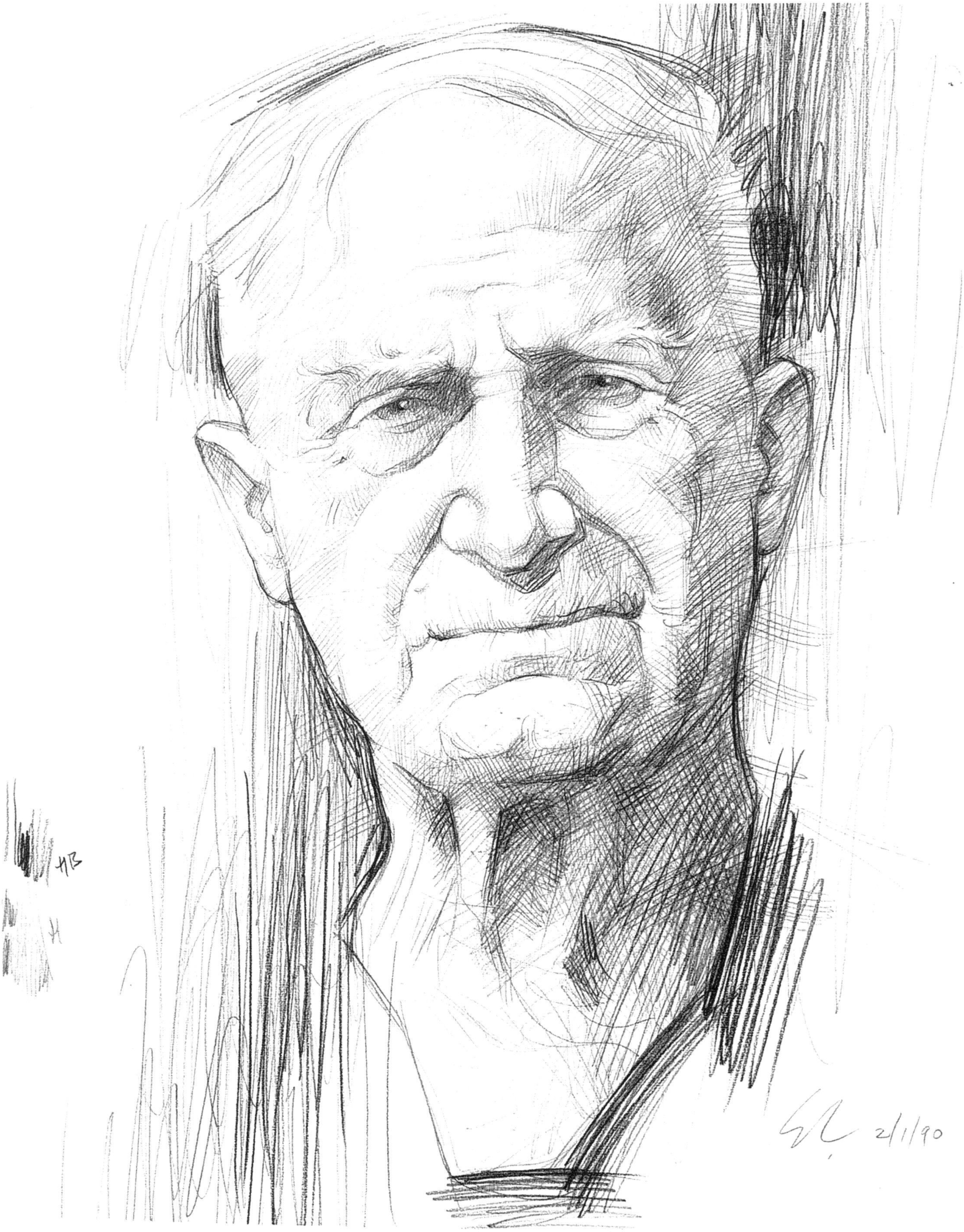

Die Zeichnungen auf diesen beiden Seiten sind Studien für ein plastisches Porträt. Ich bin um das Modell herumgegangen und habe es aus mehreren Blickwinkeln betrachtet; das Profil finden Sie auf S. 58. Zum Teil habe ich die Hell-Dunkel-Effekte vernachlässigt, weil mich vor allem die räumliche Struktur des Kopfes interessierte.

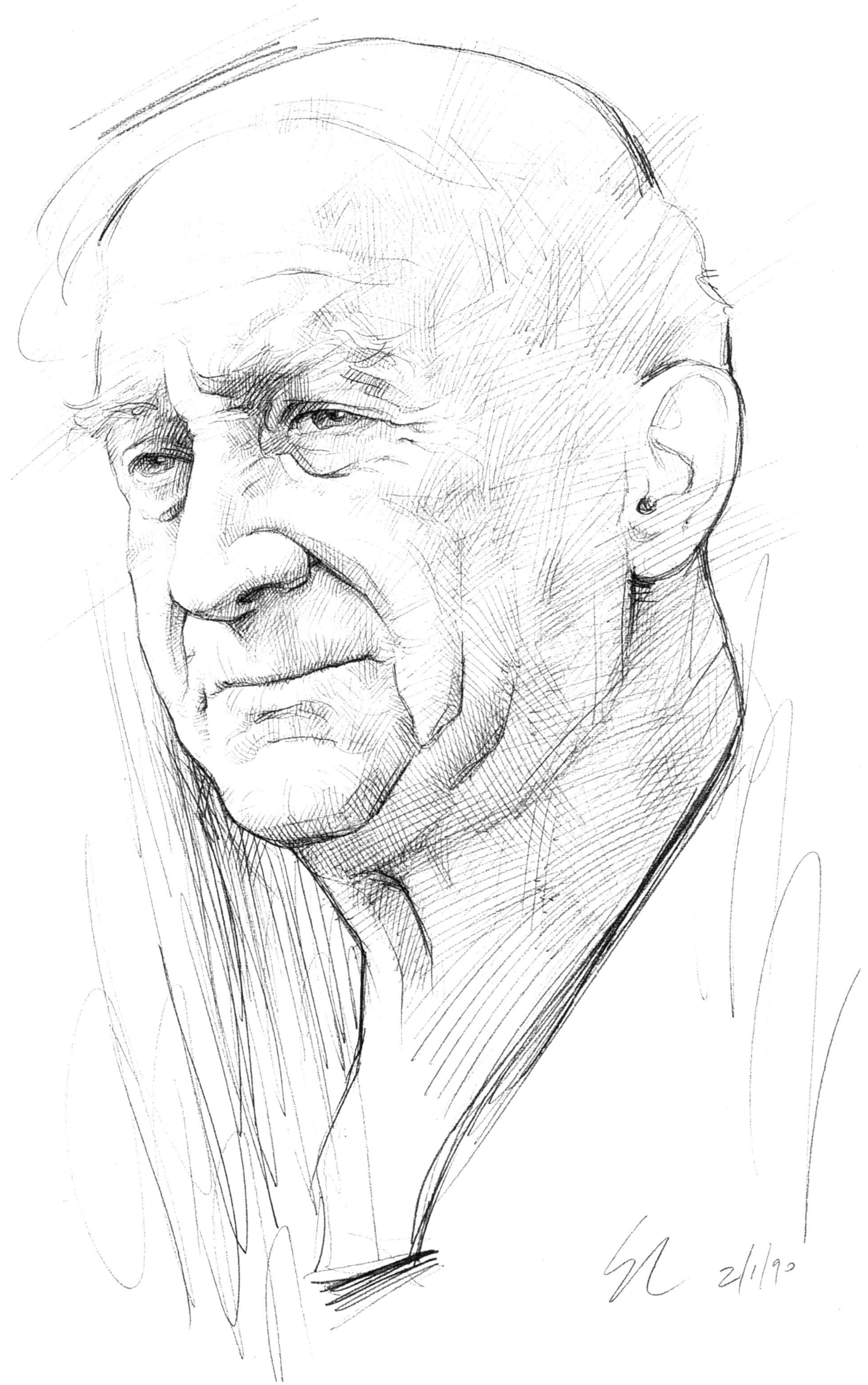

Bleistift auf Papier, 51 x 63 cm.

Die teilweise Nacktheit des Sujets ist hilfreich für ein besonders empfindsames und sehr ausdrucksstarkes Porträt, da es gleichsam als Gegengewicht dazu die inneren Werte herausstellt.

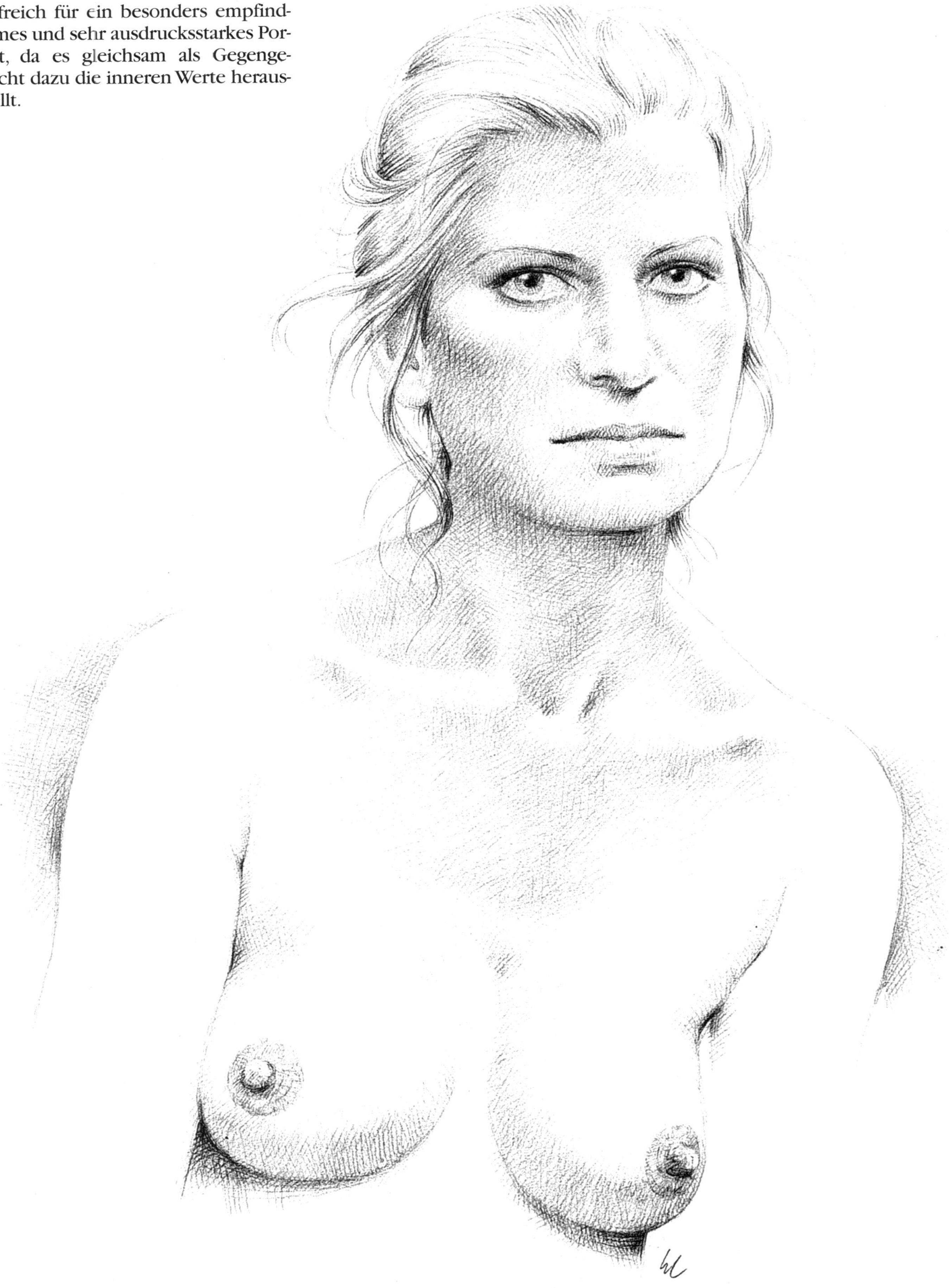

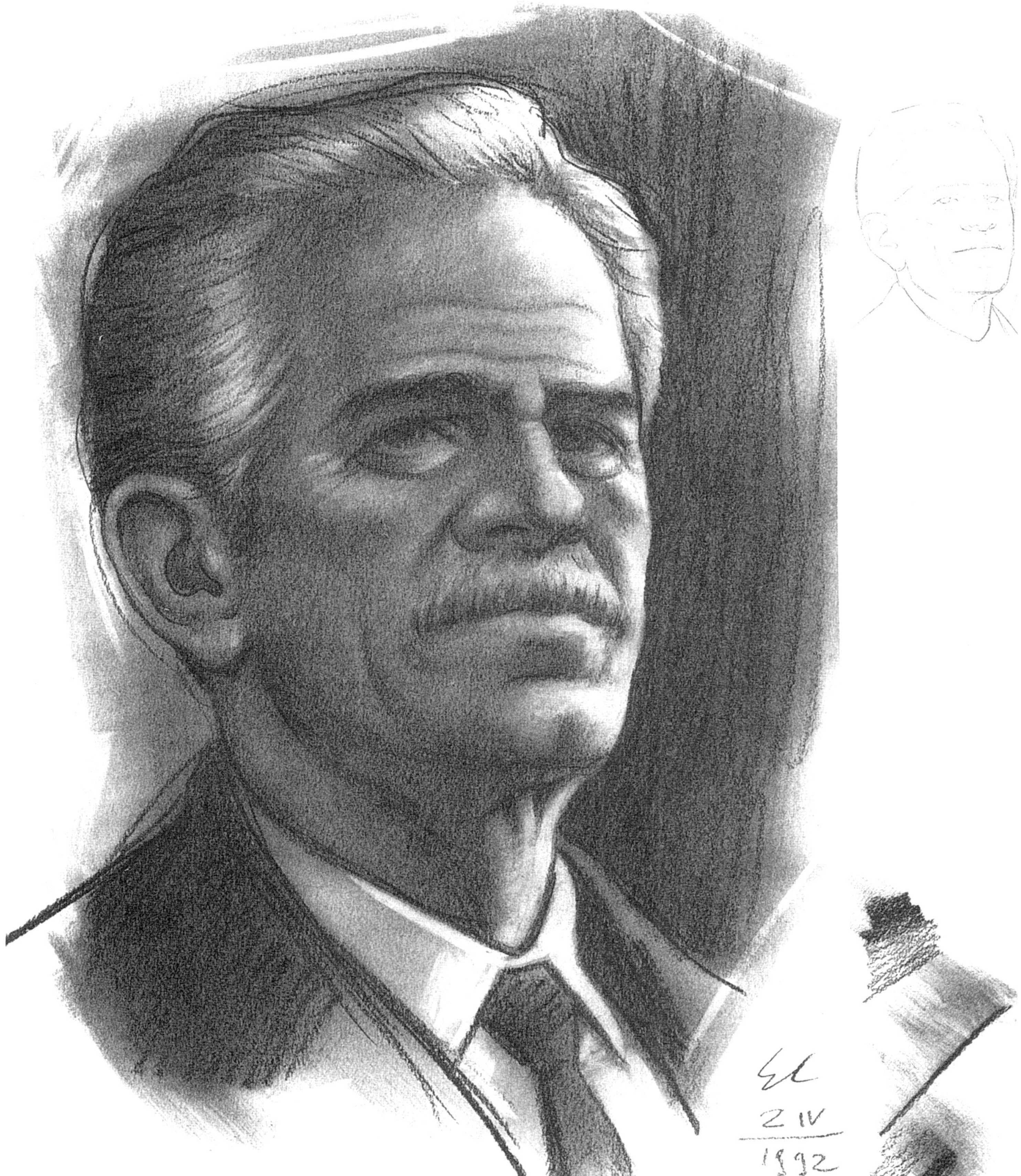

Porträt. Zeichenkohle auf Papier, 33 x 48 cm.

Für dieses Porträt habe ich schwaches Seitenlicht gewählt, um den strengen Charakter des Dargestellten herauszustellen. Die Vorzeichnung oben zeigt die Grundlinien für die Angabe der Proportionen.

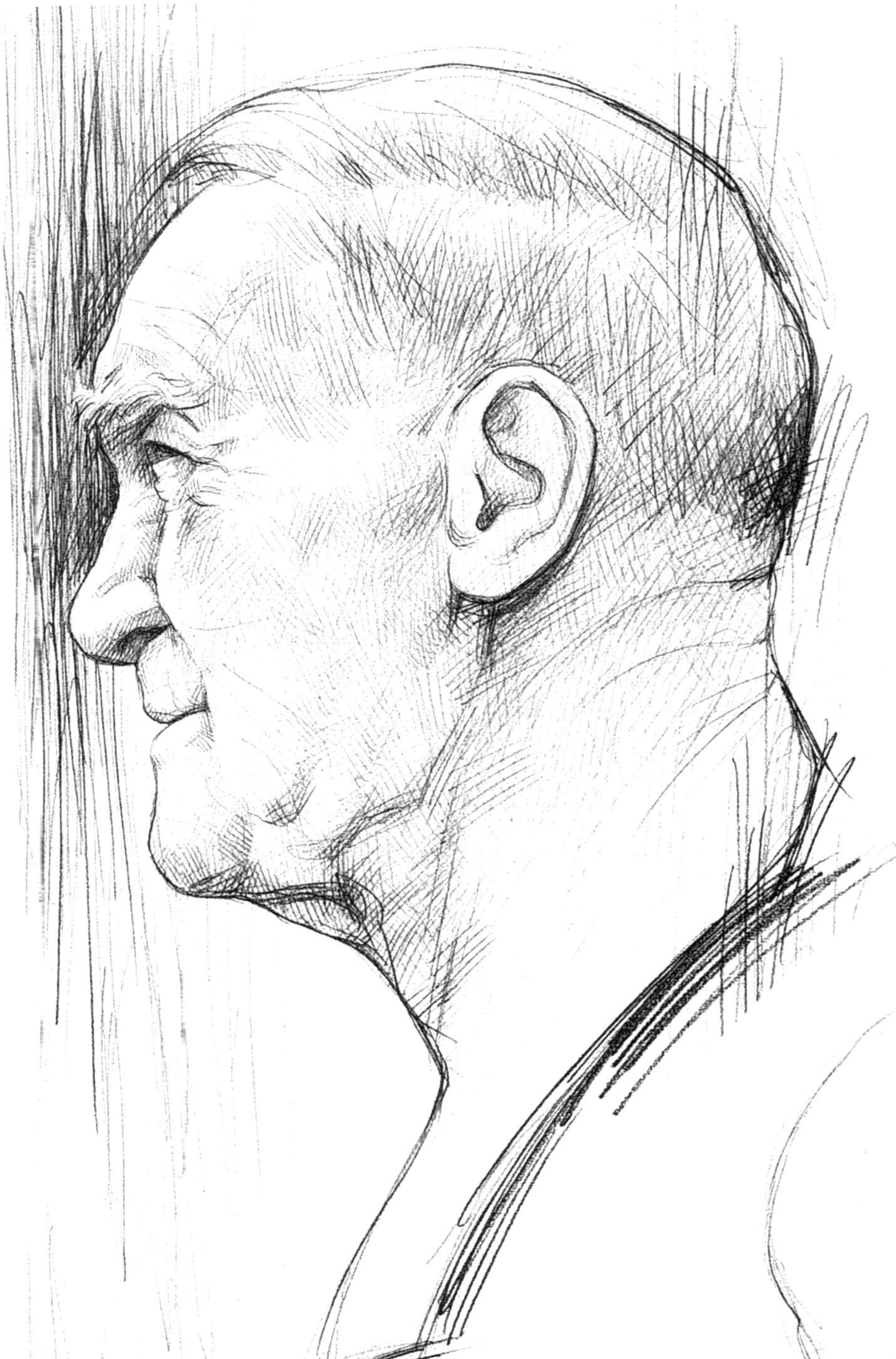

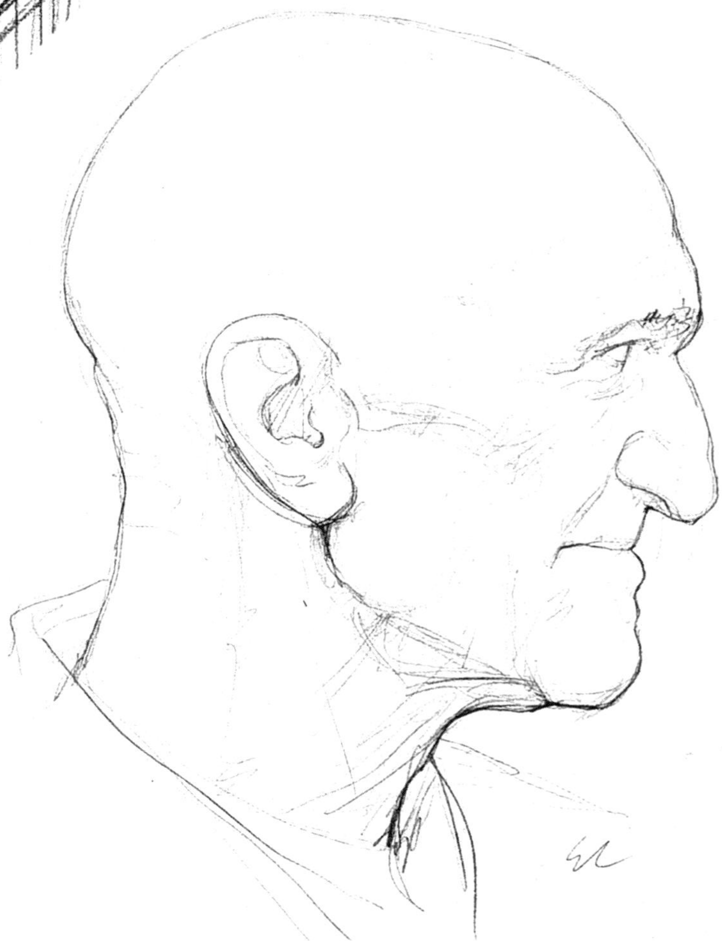

Das Profil kann bei einem Porträt sehr wirkungsvoll sein, vor allem bei alten Menschen, bei denen die Gesichtszüge durch tiefe Runzeln und Hautfalten geprägt sind. Achten Sie zum Beispiel darauf, wie sie um den Mund herum und am Hals verlaufen. Die lineare Zeichnung ohne Schattierung eignet sich sehr gut für solche Studien.

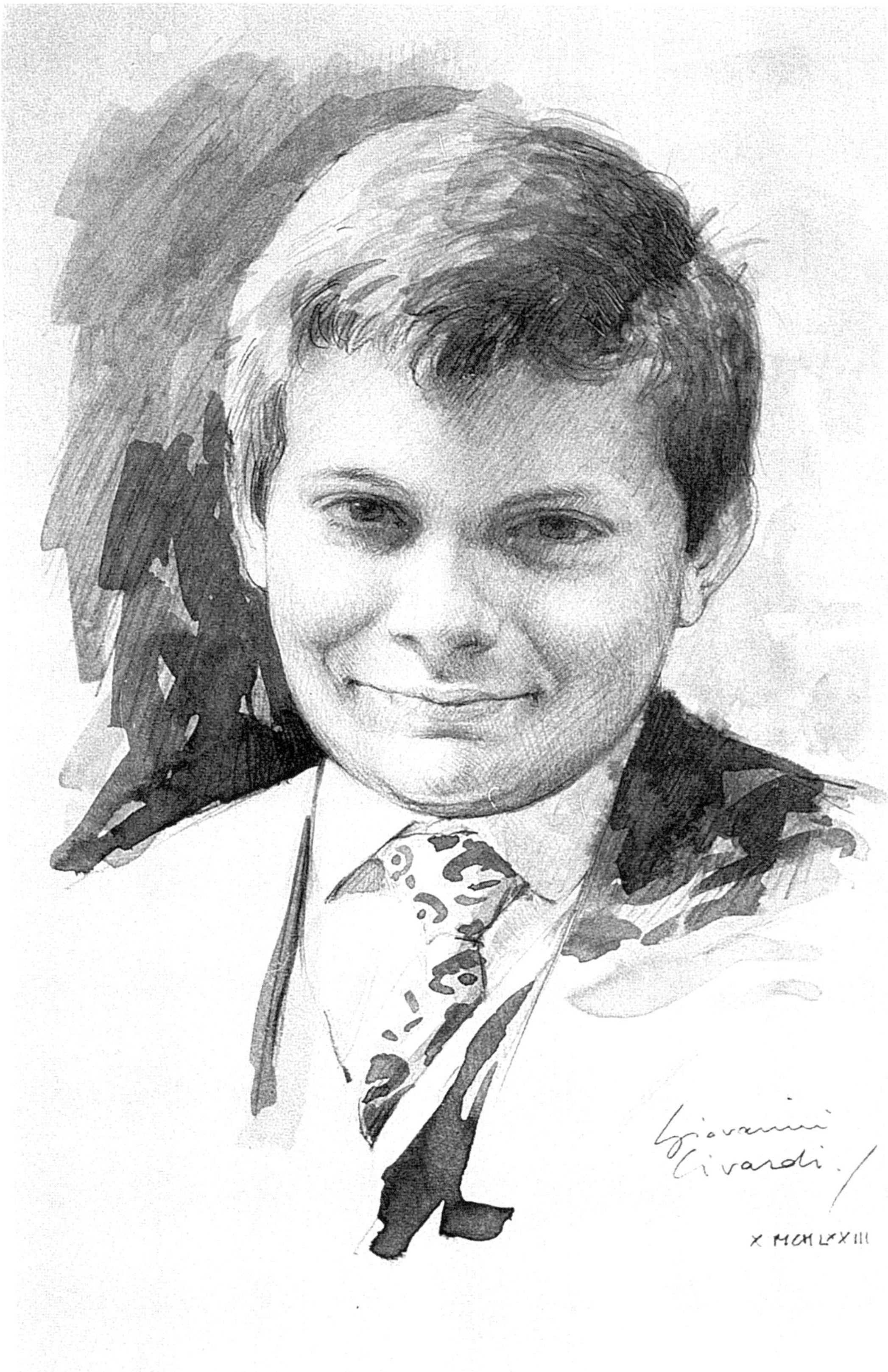

Porträtstudie. Grafitstift HB auf Karton, 15 x 20 cm.

Mit verdünnter Tusche und einem breiten Dachshaarpinsel habe ich Schatten angelegt. Schließlich habe ich die gesamte Oberfläche mit einer Lasur versehen, um die Hell-Dunkel-Kontraste abzumildern.

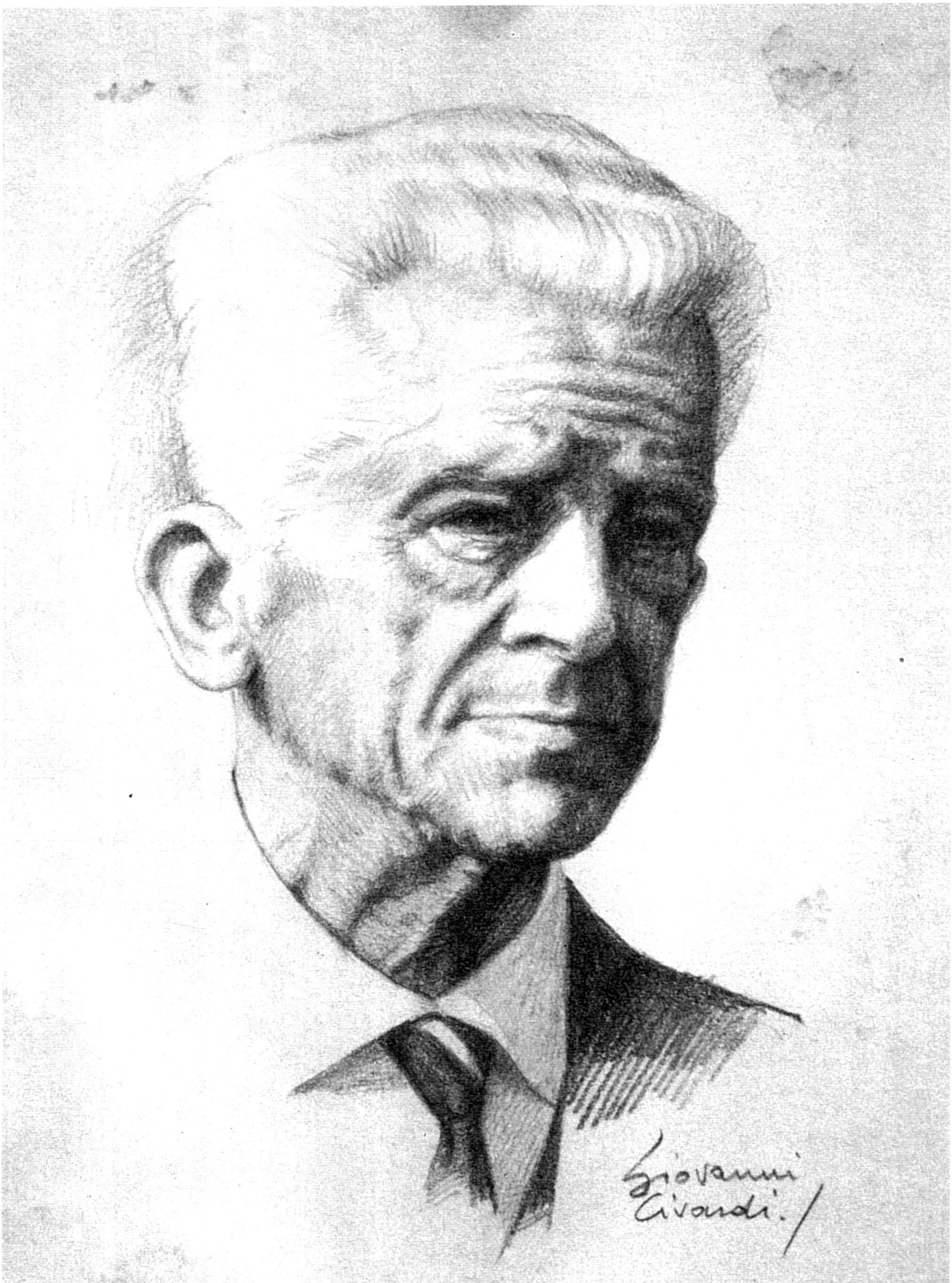

Porträt, Grafit, HB auf grauem Karton, 14 x 18 cm.

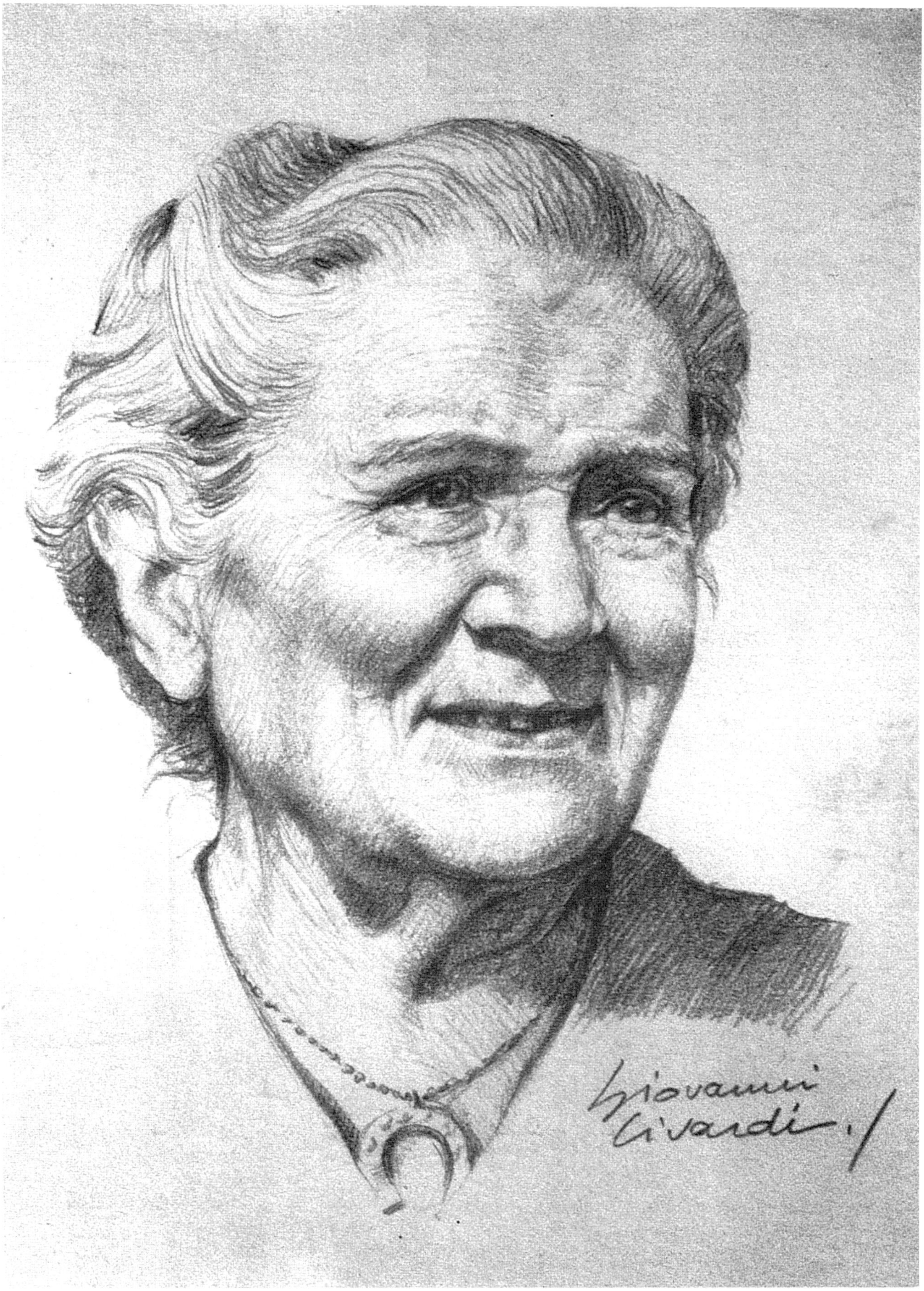

Porträt, Grafit, HB auf grauem Karton, 13,5 x 18 cm.

13 Mischtechniken

Am Schluss will ich Ihnen noch ein paar Porträts vorstellen, die in einer etwas aufwendigeren Technik angefertigt wurden als die bisher gezeigten. Man kann sie als Mischtechnik bezeichnen (S. 5). Mit ihr kann man sehr eindrucksvolle und interessante Werke verwirklichen, die ein weites Feld von Möglichkeiten eröffnen. Man kann bei rein grafischen Methoden bleiben oder aber zu deutlich malerischen Mitteln greifen, um ungewohnte und ausdrucksvolle Wirkungen zu erzielen.

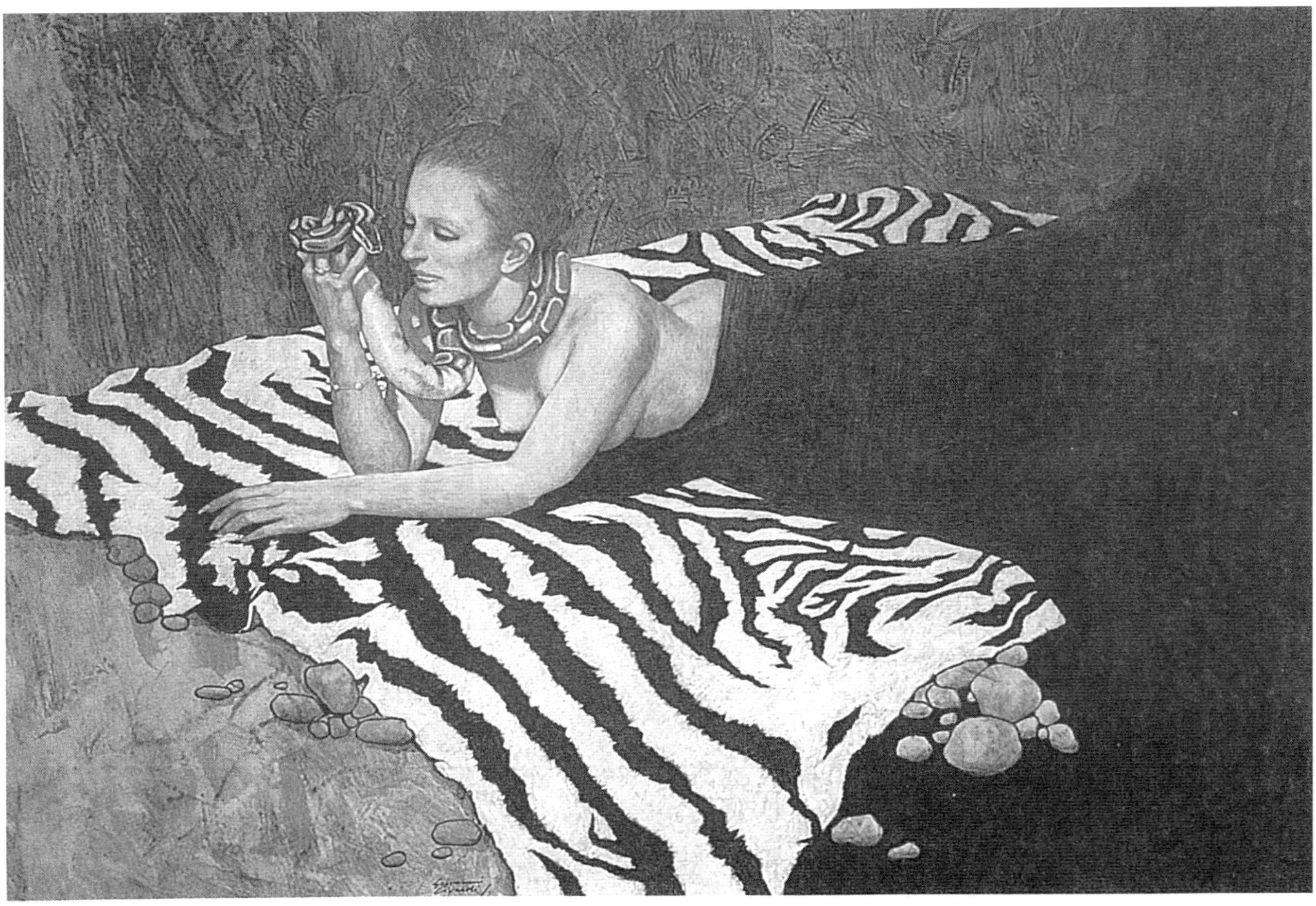

Für die Zeichnung, die Sie hier in der Gesamtansicht und auf der nächsten Seite im Ausschnitt sehen, habe ich die Tuschfeder benutzt, Acrylfaben, Pastellstifte, Kohlestifte und weiße Tempera auf Karton 51 x 71 cm. Das Porträt entstand im Auftrag einer Zeitschrift als Illustration eines Kolloquiums über das Porträt. Im Hinblick darauf habe ich auf der rechten Seite sehr viel schwarzen Raum mit dem Kleid als Hintergrund gelassen, auf dem dann in Weiß der Titel und Teile des Textes gesetzt werden konnten.

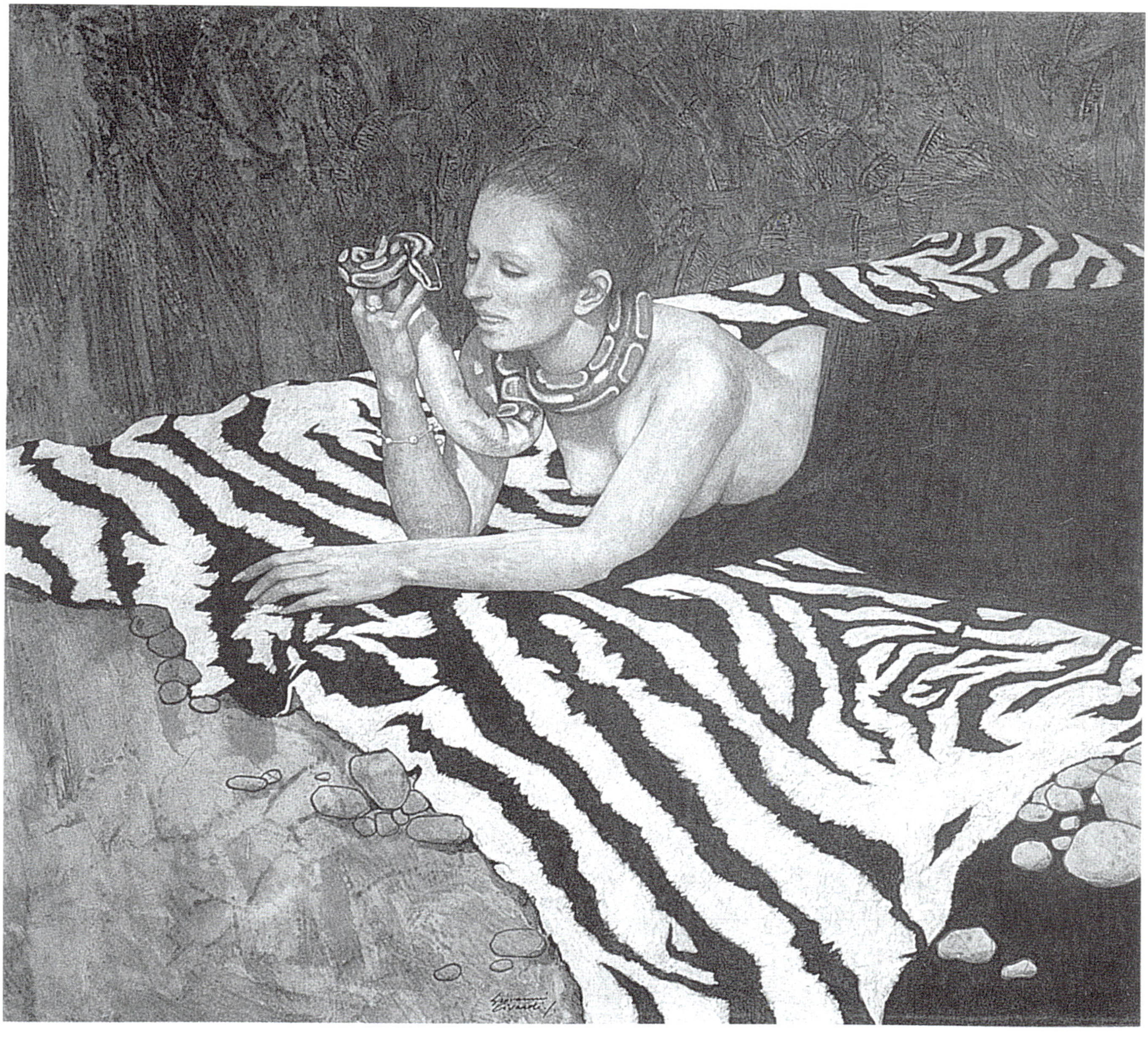

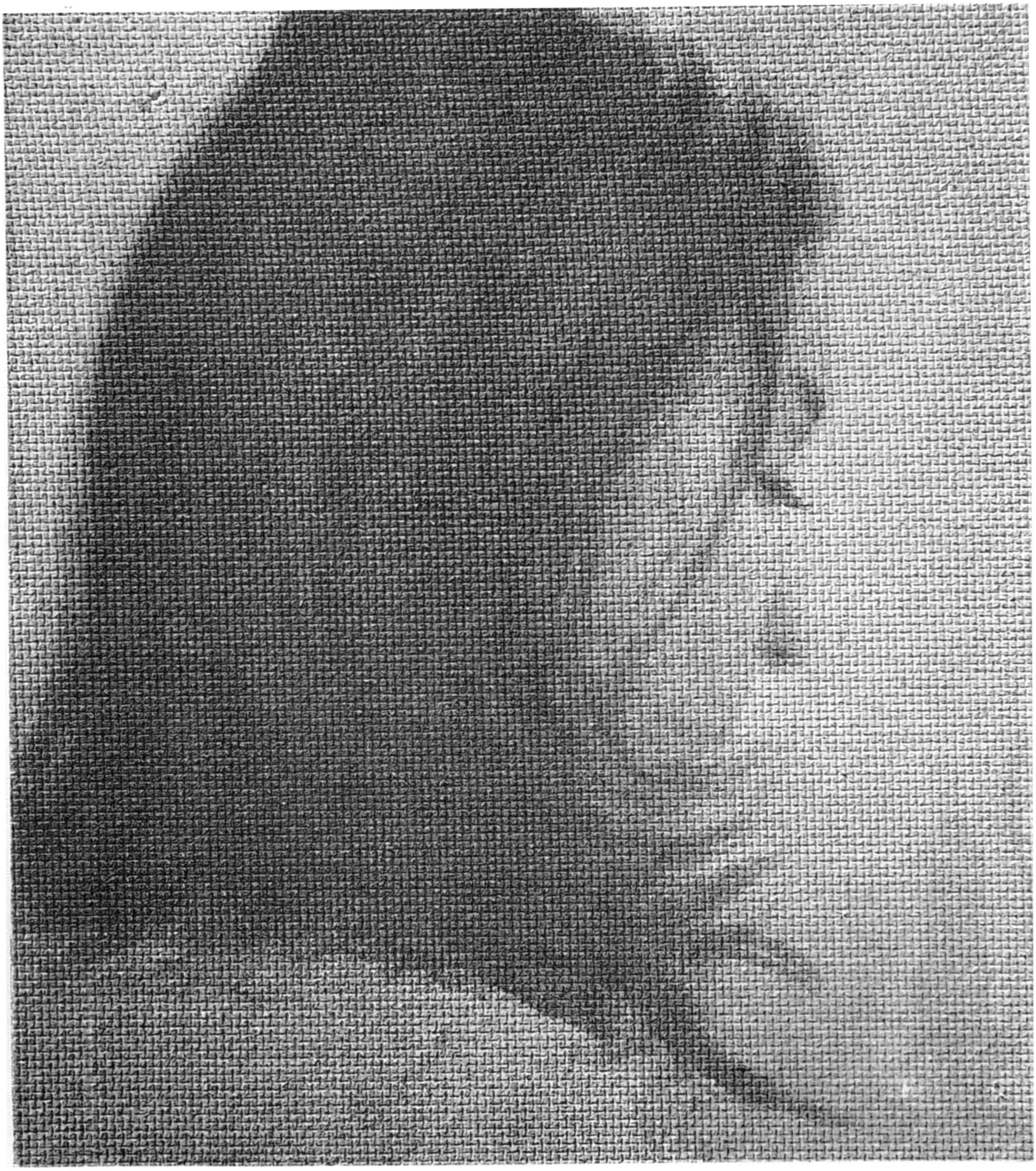

Dieses Porträt, bei dem die Frisur die Gesichtszüge deutlich dominiert, ist ungewöhnlich, aber dennoch kommt es der Dargestellten trotz des verlorenen Profils sehr nahe. Es wurde mit stark verdünnten Acrylfarben auf der rauen Seite einer Presspappe ausgeführt (18 x 21 cm), die mit Acrylgips grundiert war.